丽水

节肢动物图鉴

及多样性研究

钟海英　著

中国农业科学技术出版社

图书在版编目（CIP）数据

丽水节肢动物图鉴及多样性研究 / 钟海英著. --北京：中国农业科学技术出版社，2024.8

ISBN 978-7-5116-6510-2

Ⅰ. ①丽… Ⅱ. ①钟… Ⅲ. ①节肢动物－丽水－图集 Ⅳ. ①Q959.22-64

中国国家版本馆CIP数据核字（2023）第 203683 号

责任编辑　于建慧
责任校对　李向荣
责任印制　姜义伟　王思文

出 版 者　中国农业科学技术出版社
　　　　　北京市中关村南大街 12 号　　邮编：100081
电　　话　（010）82109708（编辑室）　　（010）82109702（发行部）
　　　　　（010）82109709（读者服务部）
网　　址　https://castp.caas.cn
经 销 者　各地新华书店
印 刷 者　北京中科印刷有限公司
开　　本　148 mm×210 mm　1/32
印　　张　7.625
字　　数　185 千字
版　　次　2024 年 8 月第 1 版　　2024 年 8 月第 1 次印刷
定　　价　68.00 元

前　言

P R E F A C E

　　农田生物多样性是全球生物多样性的重要组成部分，也是农业可持续发展的基础，节肢动物群落多样性是维持农田生态系统稳定、生物持续控制的关键。近年来，受气候、耕作制度及人类活动等因素的影响，农田及其周边生境的节肢动物种类、发生规律及分布等发生了很大变化。因此，开展农田及其周边生境的节肢动物多样性调查、保护和利用天敌资源、监测和防控主要害虫的研究是重要而紧迫的工作，同时，也是我国各级政府和各界学者高度关注的热点和难点。

　　为挖掘农田生态平衡、有机农业发展方面的重要信息，2022年，由生态环境部南京环境科学研究所立项，作者综合运用生态学的理论，采用多种田间节肢动物调查方法和手段，多次对丽水辖内缙云、景宁县域的农田节肢动物（包括天敌昆虫、害虫）的资源现状开展深入调查，研究其群落组成和多样性，探讨典型农田生境节肢动物群落特征，明晰海拔、气象、管理措施对节肢动物种群数量、多样性及总体动态的影响，进而探明管理措施（包括施药、施肥、间苗等农事活动）对两个县域农田生境的影响，并结合保护对象的生物学特性、农田节肢动物的季节性动态变化，为茭白害虫的持续有效控制提供重要对策、建议。同时，本书介绍了调查中节肢动物采集及标本的制作方法，详细描述了采获物种的形态特征、习性及国内分布的情况。全书分为五章，包括总体情况介绍、节肢动物的采集与鉴定、节肢动物图鉴、节肢动物群落研究、害虫的防控等。340余张节肢动物图均为调查采获后拍摄，其中，对采集的其他虫态，如卵、幼虫（若虫）、蛹等，则通过室内饲养后获得成虫个体进行拍照。本书内容新颖、资料丰富，图文并茂，集研究和应用于一体，适合我国农业植物保护工作者、农业技术推广人员使用，也可供农林院校植物保护专业的师生参考。

感谢"丽水市农田节肢动物多样性调查项目（No.WHT-HX-2021-0123-47）"和"浙江省自然科学基金项目（No.LY24C040001）"的资助。本书撰写之前，请浙江大学陈学新教授、西北农林科技大学秦道正教授和吕林高级实验师、陕西师范大学马丽滨教授、安庆师范大学门秋雷教授对部分昆虫进行了鉴别，在此一并致谢。同时，由于调查与撰写时间较短，书中难免存在错误和不足之处，请广大读者不吝指正。

著　者
2024年6月于杭州

目 录

C O N T E N T S

第一章　总体情况

第一节　理论依据

多样性是群落可测性特性之一，是研究群落结构水平的指标。相关研究表明，多样性取决于群落中的种类数和均匀性，不仅反映群落中物种的丰富度、变异程度，而且在不同程度上可反映自然环境与群落发展的关系。多样性的研究与人类的发展紧密相关，因而成为现代生态学研究的中心课题之一。

节肢动物是生物界的重要类群，主要由蜘蛛和昆虫组成，是陆生动物中最大的类群，物种数量巨大（据估计，物种数为180万～3 000万种），而且同种个体数量十分惊人。节肢动物多样性是生物多样性的重要组成部分，是生态学中较为基础的研究方向之一，在农林果害虫防治及维持生态平衡中起重要作用。研究表明，节肢动物多样性与其生境的植物种类及丰富程度密切相关，多样性越高，群落越稳定。

农田节肢动物生物多样性特指在复杂的农田生态系统中进行生长、繁殖、栖息、取食、迁移、避难等活动的节肢动物（包括多种害虫、天敌、中性昆虫）及其相互间复杂的营养级联系。我国农田生态系统中的节肢动物多样性极为丰富，旱地农业生态系统有害动物及昆虫1 300多种、捕食性节肢动物约2 000种，仅棉田蜘蛛就有205种，稻田蜘蛛则多达372种。农田中蜂类、步甲、蜘蛛、瓢虫和食蚜蝇种群数量大、种类丰富，对环境干扰响应敏感，是农田生物多样性调查和评估广泛采用的并作为生物多样性指示的类群。掌握节肢动物的多样性现状、正确地阐述和评价不同物种间的关系，为农田节肢动物面临的威胁和天敌昆虫的保护提供有效对策，是亟须解决的重要课题。

早期，虽然国内相关学者对于农田节肢动物尤其是蜘蛛类进行了相关研究，但部分研究仅局限于一类物种丰富度方面的调查和分析，例如油菜和蚕豆田内蜘蛛群落多样性研究、小麦和玉米轮作田蜘蛛群落多样性研究、稻田蜘蛛群落结构多样性及空间分布、柑橘园蜘蛛群落结构及动态研究、农田蜘蛛的种类和区系研究等。上述研究提供了蜘蛛群落多样性方面的重要信息，为农林业生产中利用蜘蛛这种天敌昆虫进行害虫的自然控制提供了重要依据，但并未涉及天敌在内的整个节肢动物群落。

后来，相关学者对于农作物节肢动物的研究，不再局限于单个种类的发生规律，而偏向于昆虫群落的研究，生态学家们分别对棉田、稻田、麦田、森林、果园和草地等生境中节肢动物群落的结构、动态等进行了调查和分析。上述学者的大量研究结果在一定程度上推动了节肢动物群落生态学的发展，为不同生境节肢动物群落多样性的阐述提供了大量的重要信息，也为有害生物控制领域的研究提供了理论依据。

第二节　调查县域

一、茭白产业发展

浙江省丽水市位于浙江省西南浙闽两省交界处，土地面积约占浙江省的1/6，耕地面积超过135万亩（1亩≈667m²。全书同），是瓯江、钱塘江等六大水系的发源地，大气环境质量达到或优于国家二级标准，有"浙江绿谷"之称。丽水位于中亚热带季风气候区，热量丰富，雨量充沛，冬暖春早，光、热、水既具水平的地域性差异，又有显著的垂直差异，山地小气候丰富，不仅为多类型、多层次农业生态环境的发展创造了有利条件，而且为从多样化的农业生态系统中获取节肢动物多样性第一手资料提供了重要的数据。

缙云县茭白种植历史悠久，且享有"浙江茭白之乡""中国茭白之乡"的誉称。缙云茭白产业自20世纪90年代开始蓬勃发展，目前，全县茭白种植面积6.6万亩，占全国种植总面积的8%，产量12.6万t，产值4.2亿元，成功创建全市唯一的省级茭白全产业链，已成为全国最大的茭白生产基地。全县从事茭白产业人员达3.5万人，亩产值高达3.5万元。经过20余年的不断努力，缙云茭白产业已经成为缙云县农业主导产业和农民心中的致富大业。景宁畲族自治县地处浙南山地中部，位于N 27°58′，E 119°38′，总面积1 949.98 km²。景宁位于亚热带季风气候区，温暖湿润，雨量充沛，四季分明，热量资源丰富。全县植被覆盖较好，森林覆盖率达85%以上，海拔600 m以上的耕地面积有11万亩，是高山冷水茭白的绝佳种植区。景宁茭白虽栽培历史较短，但以个大、质优而深受客商及广大消费者青睐。近年来，随着优良品种的引进，景宁高山茭白发展迅猛，栽培面积常年保持在600 hm²以上，产品远销上海、杭州、温州、苏州等大中城市。目前，茭白种植已成为景宁农民致富奔小康的重要途径。

二、调查意义

近年来，生物防治和可持续治理的理念深入人心。天敌昆虫的保护和利用是害虫可持续治理的重要手段。党中央国务院提出建设"生态文明，保护自然环境""绿水青山就是金山银山"的理念，进一步阐述了经济发展和环境保护之间的关系。在减少化肥、农药生产和使用的同时，还要增加农民的收入，因而要采取综合的生物防治技术和手段，天敌昆虫则在其中起到重要作用，而节肢动物生物多样性的明确是决定天敌资源合理利用的关键。多年来，常规集约化栽培、农事操作（施药、施肥等）等管理措施影响着农田生境、天敌种群数量等，尤其体现在节肢动物的生态结构及功能完整性、主要物种资源、种群结构、生物多样性等方面。因此，两个县域不同农田节肢动物群落多样性研究，对于保护农田生物多样性、维持农田系统的生态平衡、发展有机农业具有重要意义。

有鉴于此，本次调查拟综合运用生态学的理论，采用多种田间节肢动物调查方法和手段，通过对缙云、景宁县域的农田节肢动物（包括天敌昆虫、害虫）的资源现状进行调查，研究其群落组成和多样性，从生物多样性和生态系统健康稳定的角度来探讨典型农田生境节肢动物群落特征，明晰海拔、气象、管理措施对节肢动物种群数量、多样性及总体动态的影响，进而基于两个县域农田节肢动物资源优势种及现状，探明管理措施（包括施药、施肥、间苗等农事活动）对两个县域农田生境的影响。同时，结合保护对象的生物学特性、农田节肢动物的季节性动态变化，总结规律，为"肥药双控"提供重要对策、建议，为有效生物防控、维持农田生态平衡、发展有机农业提供重要信息。

第三节　调查内容

选择浙江省丽水市典型的两个县域，即缙云县、景宁县的典型农田（茭白）作为调查试验农田，采用多种调查方法，进行田间节肢动物群落多样性调查，主要包括：①采用普通捕虫网进行"8"字扫网的样线法；②采用底部以及垂直面为黑色纱网，上部为白色网，架设于野外的帐幕类马来氏网调查法；③基于夜间活动蛾类的趋光性，采用悬挂白色幕布并在布前悬一盏黑光灯或高压汞灯来诱集蛾类的灯诱法；④基于节肢动物成虫的趋光、趋色性，用粘虫胶进行诱捕的色板法；⑤依靠吸虫装置产生的吸力将样方内具有不同习性的所有节肢动物吸入集虫装置的吸虫器法；⑥以人工提取、合成的昆虫性信息素或类似物为诱芯，进行害虫诱捕的性信息素诱捕法。通过以上多种调查方法，全方位、系统地开展农田节肢动物多样性研究。

本次调查基于上述多种方法，统计分析两个不同县域、不同时期茭白田节肢动物群落结构组成、丰富度、优势种。同时，统计各功能群（主要包括寄生性、植食性、捕食性）的种类及优势种。明确不同生境节肢动物群落组成季节性的动态变化；明晰影响节肢动物群落相似度的内、外在因素。

一、节肢动物种类鉴定

通过节肢动物的分类相关文献资料，掌握相关物种形态特征、生态学特性，室内整理标本并对物种进行鉴定分类。首先，采获的各类节肢动物在体式显微镜下观察其形态特征，归为高级分类阶元，即纲、目、总科、科；依据分类鉴定特征，将各目物种鉴定到亚科、属；进一步基于属、种的分类鉴定特征将物种鉴定到种。

二、节肢动物群落结构分析

利用多种调查方法（样线法、灯诱法、色板法、马氏网法、性信息素诱捕法），对丽水缙云、景宁两个县域农田节肢动物群落组成调查，比较、分析不同时期节肢动物的群落结构组成、丰富度、优势种，明确不同县域节肢动物群落组成季节性的动态变化；摸清丽水市农田节肢动物群落结构特征。

第四节　调查方法

按照丽水市农田节肢动物多样性调查的目标任务，定期、定点、定人、定责，深入缙云、景宁茭白产区进行茭白整个生长期间节肢动物情况调查。同茭白种植大户就茭白整个生育期节肢动物发生情况进行了解，经沟通、协商一致后，选取具有代表性的典型试验样地，以灯诱法、色板法、样线法、马来氏网法、吸虫器法为主，辅以性信息素诱捕法定点、定时地进行系统调查。

一、样地设置

本项目选择丽水缙云、景宁两个县域的茭白田作为试验农田，采用多种调查方法，进行田间节肢动物群落多样性调查。由于11月底，茭白已经大量采收完毕，茭白叶处于枯黄状态，茭农在12月初便对田间的茭白残株进行大规模的割除，以便茭白田灌水过冬。因此，综合考虑气候因素和12月茭白采收后田间茭白残株被割除的情况，调查时间集中于2022年7—11月。

二、工作机制的建立

为顺利完成本项调查研究任务，首先，建立调查小组，小组内部成员之间根据项目分工各司其职。其次，项目组负责人和其他成员跟属地乡政府、茭白种植大户建立密切联系，获取政府和茭农的配合和支持，确保相关调查工作的有序推进、顺利开展。

值得说明的是，本次调研组在开展工作过程中，加强了对当地茭白种植户进行茭白害虫绿色方面的相关技术指导，取得了一定的成效。在缙云、景宁当地组成了科研团队，建成了茭白病虫害绿色防控基地，以该基地为依托，深入一线，充分发挥项目组成员自身的专业优势，为茭白种植户全程进行技术指导，随时随地解决种植户在茭白种植过程中出现的技术问题，包括茭白减肥控药技术、茭白高产技术与茭白虫害绿色防治技术等，后续继续通过专业技术的培训和指导，提升茭白产业的可持续发展能力，发展壮大茭白生态产业项目，充分发挥害虫绿色防控技术在乡村振兴中的作用，全面提高茭白种植户的种植技能和知识水平，保障茭白产业提质、增效。

本项目实施过程中，实地调查的方法包括5种，具体介绍如下。

（1）样线法　指在某个动植物群落内或者穿过几个群落取一直线（用测绳、卷尺等），沿线记录此线所遇到的动植物并分析群落结构的方法。本次通过样线法调查时，采用网口直径为30 cm、网眼直径2 mm、网深65 cm、杆长1.7 m的普通捕虫网，在茭白田间植物上进行扫网。挥网匀速内"8"字为扫网1次，扫网300 m，每次采集共进行10次样线扫网，共计行进3 000 m。记录节肢动物种类及数量。现场不能鉴定的种类，编号并带回实验室进行鉴定；不能鉴定的幼虫，饲养到成虫再进行鉴定并及时拍照。

（2）马来氏网调查法　用来拦截具有向光性的日出性昆虫和部分夜出性膜翅目和双翅目昆虫，并引导其向上爬入收集瓶来完成诱集。马来氏网的垂直面为黑色纱网（100目尼龙网纱）、上部为白色网（100目尼龙网纱），是架设于野外的帐幕类采集工具。整体像底部长方形的帐篷，顶部一端偏高但另一端偏低，在偏高的一角有1个收集头通入集虫瓶（500 mL）。当昆虫从地下爬出，或沿地面飞行时受垂直网拦截，基于昆虫的向上爬行和趋光特性，进入偏高一端的收集头后收集于集虫瓶（瓶中提前加注95%酒精至500 mL马氏瓶的2/3处），定时更换集虫瓶即可。

该调查方法的优点在于可提供全天候随机采集，节肢动物采集量大，可连续取样的持续周期长；采集的样品干净并可自动无水乙醇保存，节约了人力和时间；产品适用环境范围广；样本类群相对集中；不仅架设简便，而且对于节肢动物种群密度、动态及生态研究监测极为方便，是生态、科研、监测的常备工具。

本次采用马来氏网调查时，每个试验点安装标准马来氏网3个，将马来氏网架设于茭白植株行间，垂直距离地面0.5 m处。在收集瓶中倒入95%无水乙醇（占2/3容积）。每5 d换一次收集瓶，将收集瓶中换下的节肢动物带回实验室进行物种检视鉴定，记录物种数据并及时拍照。

（3）吸虫器法　采用机器产生的吸力将所有节肢动物吸入集虫装置内的方法。本次采用吸虫器法调查之前，专门针对本项调查任务，特地将鼓风机改装，使鼓风机吹力改为吸力，把集虫袋固定于机体后端，在鼓风机吸力作用下，使样方内或样线两侧的全部节肢动物通过吸管进入集虫袋，大至蜻类，小至卵寄生蜂均可被吸入集虫网。该方法可保证小型节肢动物完好无损，便于后续分类计数，且结果准确可靠。吸虫器法对不同习性的节肢动物采集效果较好。

本次采用吸虫器法调查时，对每个县域区采用五点取样法，每点调查3个样方，每个样方包含4丛茭白植株。将茭白植株用200目的尼龙框罩住，用以锂电池发电、后端以尼龙网袋（200目）为集虫装置的大型电动吸虫器将框内全部节肢动物吸入收集袋中，每个样方吸完后迅速倒入收集瓶进行麻醉或毒死，检查、记录其种类和数量，并及时拍照。

（4）灯诱法调查　一般采集具趋光性节肢动物的主要方法。首先，灯诱地点宜选在四周较开阔、植被条件较好的生境，在无雨的夜晚，相对背风处悬挂一块白色幕布，幕布前悬一盏黑光灯或高压汞灯进行采集。

本次调查时，在缙云、景宁试验地面积远超50亩，每个县域茭白连片、常年种植，缙云海拔148 m左右，景宁海拔1 032 m左右，地势平坦，四周开阔。茭白种植品种按优质茭白生产技术规范进行栽培管理。安装诱虫灯间距设置为300 m，统一采用1.5 m的安装高度，每个县域共12盏诱虫灯。黑光灯和紫外灯交替悬挂诱捕具有趋光性的节肢动物。试验期间于19时至翌日6时开灯，开灯期间及时收集诱获的各类节肢动物，对应编号记录，带回实验室进行鉴定。每月收集多于3次，并及时拍照。

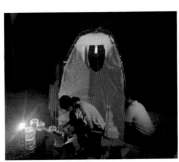

（5）诱虫板法　基于节肢动物成虫对不同颜色的趋性，设计成相应的色板，在其表面添加黏虫胶形成黏虫色板，对节肢动物进行诱杀。诱虫板对节肢动物的诱集效果受诱虫板颜色、形状、悬挂高度、朝向、更换时间、密度及小生境等诸多因素的影响。项目负责人通过茭白田间前期的诱虫效果研究发现，黄色诱虫板在茭白田的诱集效果显著好于其他颜色的诱虫板。故本项目研究中优先选择黄板诱集法。

色板法调查时，首先将黄色板固定于杆的近顶部位置，之后将杆插置于田间，诱集对黄色诱虫板有趋性的节肢动物。黏虫板面向田埂，安装间距、高度和方向保持一致，色板底部与装置不固定，离田面高60 cm左右。以上述方法诱集的同时，利用捕虫网迅速将样点中上部小型各类节肢动物捕入网内，然后用吸虫器将中下部的节肢动物吸入集虫袋内，进行检查、记录种类和数量，带回实验室鉴定并及时拍照。

（6）性信息素诱捕法 昆虫性信息素是由外分泌腺释放，刺激同种异性个体产生求偶及相应生理反应的微量化学物质。大部分节肢动物依靠性信息素来识别和定位异性，从而完成交配，因此，性信息素对于昆虫的繁殖至关重要。鳞翅目昆虫性信息素诱芯为PVC毛细管状，有效成分为顺-11-十六碳烯醛、顺-9-十六碳烯醛和顺-13-十八碳烯醛，含量为0.61%，诱芯持效期≥60 d，由宁波纽康生物有限公司生产。

本次调查时，在试验区域选择的每块茭白田内设置性信息素分别与降解黄板相组合的处理，固定杆插置于田间，在杆顶部安装鳞翅目昆虫性信息素诱芯1枚，各处理随机等距安装在茭白田埂边相对居中位置，距田埂边30～50 cm，各处理间距10 m以上，记录节肢动物成虫的诱捕数量。在进行上述调查及标本采集的同时，对田间出现的各类节肢动物进行采集。

第二章　节肢动物的采集与鉴定

第一节　标本采集与制作

2022年7—11月，对丽水市缙云县、景宁县农田进行节肢动物采集和调查，共采集近31 000个农田节肢动物标本。

一、标本的采集

将田间调查过程中捕捉的个体装入密闭的标本瓶内（120 mm×150 mm），容器内预先放入蘸有乙酸乙酯的棉花球使节肢动物麻醉致死。根据节肢动物体型大小、种类进行初步归类，带回实验室制成标本。对于收集到的卵、幼虫、蛹等不同虫态的个体，需带回实验室饲养至成虫，用于种类鉴定。

一定浓度的酒精能够很好地保存昆虫的形态。因此，野外、田间采获的软体动物、节肢动物的幼虫，小型或微型节肢动物等用浓度为70%～85%的酒精保存。

对于田间采获的较大型的节肢动物，可先将同一类或同种个体保存在便于携带的昆虫盒内，相似大小、具鳞片的放一起保存；无鳞片、骨化程度较高的个体保存于同一盒内，以便后续拍照、种类鉴定。

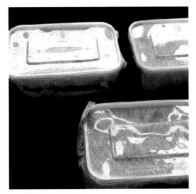

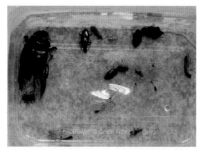
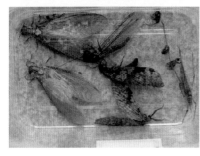

二、标本的制作

1. 标本回软

较干燥、还未展翅或展肢的虫体需用水蒸气浸润虫体使其回软。在实验室内的玻璃干燥皿底部加水，将三角纸包裹的标本放置于隔板3～5 d。以轻碰触角判断是否能自由摆弄来确定回软时间。回软时间过短，会导致虫体破碎，时间过长；则易变成真菌、细菌的培养基而废掉。

2. 节肢动物针固定部位

节肢动物针根据节肢动物的体型大小选取。无须展翅的种类直接针插于泡沫平板即可；需展翅的种类则在泡沫板上定做凹槽，将翅水平展开于凹槽两侧。一般将针插于昆虫胸部，具体部位因种类而异，例如鳞翅目、膜翅目等从中胸背面正中央插入，半翅目蝉类从中胸的中间偏右处插针，蝽类则插于中胸小盾片的中央偏右处，直翅目插在前胸背板的右面靠后处，鞘翅目插在右鞘翅基部约1/4处。因基节窝是部分节肢动物（如鞘翅目）的重要鉴别特征，插针时应避开基节窝。

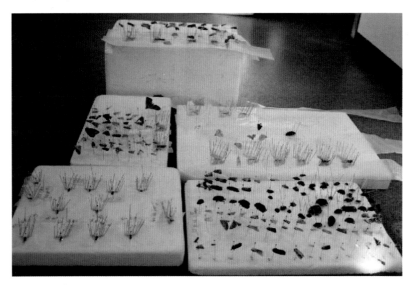

3. 大头针辅助固定

为防止虫体绕针水平旋转妨碍标本处理工作，用大头针固定腹部左右，保持腹部中正。对于腹部形状偏长的节肢动物，例如蜻蜓目、直翅目、鳞翅目等，可用大头针以支架的形式将腹部后端支起，保持整体处于同一水平；腹部偏球形和鞘翅目的节肢动物，用两根针左右夹紧腹部即可；膜翅目细腰亚目的种类，需用昆虫针将腹部往后别住固定。

4. 标本的展翅

有翅的节肢动物用硫酸纸来压住翅面，前翅后缘与中轴线保持垂直。展翅时，翅面积较大的鳞翅目种类，前翅前缘呈锐角为宜；半翅目的蝉类、膜翅目的蜂类等展翅时前翅前缘和中轴线垂直即可；螳螂目和直翅目的后翅前缘与中轴线垂直，将后翅展成扇形。

展翅时，前、后翅脉不相重叠，后翅前缘和前翅后缘相接摆放。蜻蜓目前、后翅几乎平行，双翅目的后翅退化成平衡棒。同时，前、后翅的连锁现象可让展翅过程更加顺利。

先展前翅，压好固定，再展后翅。用镊子轻夹前缘脉调整位置，用手轻按住硫酸纸，铺平，取昆虫针固定住硫酸纸的四边。若前后翅连锁，则可用一张硫酸纸压2对翅。通常用关键5点固定，即顶角、肩角、臀角、前缘中点、外缘中点，臀区较大的还会加一针在轭褶附近。调整左右对称性。

5. 足和触角的摆放

足摆放时左右对称即可，遵循自然姿态，即前足向前、中后足向后摆放。足的弯曲程度、伸出长度等则依活体的栖息姿态来定。依次固定前、中、后足，从基向端开始，注意保护跗节完整，最后调整触角。部分种类的触角较长，可向后弯曲。线状、棒状、锤状、膝状、栉齿状的触角用2～3根昆虫针别开或架起即可，短小的触角调整对称即可。腮叶状触角，需将贴在一起的片状鞭节分开。

6. 风干和撤针

整姿完毕后需风干3～5 d。风干后的标本易碎，撤针时应小心，按照触角、足、翅、腹的顺序依次撤除，最后取下标本归类插入标本盒内。

7. 添加标签及归类

节肢动物标本除了要有虫体本身，还需有采集信息和鉴定信息记录于一定大小的纸质标签，称为采集标签和定名标签，分别排列在节肢动物标本的下方。因为采集地也会成为鉴定依据，即使未经检定的标本也需要附采集标签。采集信息主要包括采集地点、采集时间、采集人等信息。

第二节 室内鉴定

田间节肢动物主要隶属昆虫纲、蛛形纲。其中，昆虫纲鉴别特征基于头部、胸部、腹部3个体段及各体段附肢的形态。头部包括口器、触角和复眼（单眼）。胸部包括3对足、2对翅。腹部主要是内、外生殖器，偶有1对尾须。蛛形纲体躯分为头胸部、腹部两个体段。该纲无触角和复眼，具2～6对单眼、2～4对足。头胸部有6对附肢，其中，第1对为螯肢，2～3节，钳状或非钳状；第2对为触肢，6节，钳状或足状；步足4对，7节，末端有爪。螨类头胸部与腹部愈合。蜘蛛的头胸部与腹部间以腹柄相连，腹部无附肢。

一、头部鉴别特征

1. 口式

分3种。

（1）下口式 口器着生并伸向头的下方，垂直于身体的纵轴，适于啃食植物叶片、茎秆等，如蝗虫、鳞翅目幼虫等的口式。

（2）前口式 口器着生并伸向前方，与身体的纵轴呈钝角或几乎平行，适于潜食、钻蛀和捕食，如虎甲、步甲、草蛉等的口式。

（3）后口式 口器伸向腹后方，与身体的纵轴几乎呈锐角，适于刺吸植物或动物汁液，如蝽、蚜虫、叶蝉、飞虱等的口式。

2. 触角

生长于头部额区膜质的触角窝内，位于复眼之前、之后或复眼间，包括柄节、梗节和鞭节。触角的长短、粗细和形状因昆虫种类和性别而异，一般分12种。

（1）刚毛状　短，基部1～2节较粗大，鞭纤细似鬃，如飞虱、蝉和蜻蜓等的触角。

（2）丝状　除基部两节稍粗大外，鞭节由许多相似的亚节组成，向端部逐渐变细，如蝗虫、蟋蟀等的触角。

（3）念珠状　鞭节各亚节似圆珠形，如白蚁的触角。

（4）锯齿状　鞭节各小节似三角形，向一侧呈齿状突出，形如锯条，如叩头虫、锯天牛、芫菁等的触角。

（5）栉齿状　鞭节各亚节向一侧或两侧呈细枝状突出，似梳，如雄性绿豆象、甲虫、雌蛾的触角。

（6）双栉齿状　鞭节各亚节向两侧呈细枝状突出，如雄蛾类的触角。

（7）膝状　柄节特长，梗节细小，鞭节各亚节大小相似，并与柄节呈成膝状曲折相接，如蜜蜂的触角。

（8）具芒状　短，仅1节极度膨大的鞭节，其上生刚毛状触角芒，如蝇类的触角。

（9）环毛状　鞭节各亚节具1圈细毛，愈接近基部的细毛愈长，如雄蚊的触角。

（10）棍棒状（球杆状）　基部各节细长如杆，端部数节逐渐膨大，整个形状似棒球杆，如蝶类的触角。

（11）锤状　基部各节细长如杆，端部数节突然膨大似锤，如露尾虫、郭公虫的触角。

（12）鳃片状　端部数节向一侧扩展成薄片状，相叠在一起形似鱼鳃，如金龟甲的触角。

3. 单眼

分背单眼和侧单眼两种。背单眼位于成虫和若虫的头前，一般3个，呈三角形排列，有的只有2个。幼虫头部两侧具侧单眼，一般有1～7个。

4. 口器

一般有5种。

（1）咀嚼式　以咀嚼植物或动物的固体组织为食，如蟑螂、蝗虫、瓢虫等的口器。

（2）嚼吸式　颚可用作咀嚼或塑蜡，中舌、小颚外叶和下唇须合并构成食物管，以吸食花蜜，如蜜蜂等的口器。

（3）刺吸式　口器针管形，以吸食液汁，如蚊、虱、蜻、蝉等的口器。

（4）舐吸式　头部和下唇构成吻，吻端是下唇形成的伪气管组成的唇瓣，以收集物体表面的液汁；上唇和舌构成食物道，下唇包裹上唇和舌，如苍蝇等的口器。

（5）虹吸式　以左、右外颚叶嵌合形成长管状的食物道，盘卷在头部前下方，用时伸长，如蛾、蝶等的口器。

二、胸部鉴别特征

1. 足

着生于胸部，3对。每个足包括基、转、股、胫和跗节5部分；足末端有爪和爪垫。胸足一般有6类。

（1）步行足　仅用于步行，如虎甲、步甲、拟步甲等的足。

（2）捕捉足　基节延长，腿节发达，腿节与胫节分布成对的齿或刺，形成捕捉构造，如螳螂、猎蝽、水蝇、螳蛉等的足。

（3）跳跃足　腿节特别发达，胫节细长，折在腿节下的胫节又突然伸开而使虫体向前上方快速运动，如蝗虫、跳甲、跳蚤的后足。

（4）开掘足　较宽扁，腿节或胫节具齿，该足非常有力，适于挖土及拉断植物的细根，如蝼蛄、金龟甲、蝉若虫等的前足。

（5）游泳足　有缘毛，可帮助划水，如水生昆虫（龙虱、水龟虫）的后足。

（6）携粉足　各节均具长毛，胫节基部宽扁，边缘具长毛，形成花粉篮，适于采集与携带花粉，如蜜蜂的后足。

2. 翅

中、后胸分别具1对翅，生于中胸的称为前翅，后胸的称为后翅。一般具8种类型。

（1）膜翅型　膜质，透明，翅脉明显，如蚜虫、蜂类等的翅。

（2）鳞翅型　膜质，翅面具鳞片，如蛾、蝶的翅。

（3）毛翅型　膜质，翅面密生细毛，如石蛾的翅。

（4）缨翅型　膜质，狭长，边缘着生细长的缨毛，如蓟马的翅。

（5）覆翅型　翅质加厚成革质，半透明，有翅脉，具飞翔和保护的作用，如蝗虫、蝼蛄、蟋蟀的翅。

（6）鞘翅型　角质坚硬，翅脉缺如，仅具保护作用，如金龟甲、叶甲、天牛等的前翅。

（7）半鞘翅型　基半部革质，端半部膜质，如蝽的前翅。

（8）平衡棒型　翅退化成很小的棍棒状，飞翔时用以平衡身体，如蚊、蝇的后翅。

三、腹部鉴别特征

昆虫腹部外生殖器（尤其是雄性外生殖器）的特征是分类学上鉴定物种的重要依据。阳具包括1个阳茎和1对位于基部两侧的阳茎侧叶。鞘翅目昆虫的阳茎侧叶不对称；长翅目、脉翅目、部分毛翅目、蚤目和双翅目短角亚目部分昆虫的阳茎侧叶分节；蛾类的阳茎侧叶特化成抱握器。阳茎与阳茎侧叶在基部末形成一阳茎基。半翅目头喙亚目的叶蝉科、蝉科等昆虫的阳茎基很发达，外壁形成管状的阳茎鞘，而阳茎则退化或完全消失。抱握器多为第9腹节的刺突或肢基片与刺突联合形成。抱握器有宽叶状、钳状和钩状等形态。雌性外生殖器由第8、第9腹节的生殖肢形成的管状构造，由第1～3产卵瓣组成，又称产卵器。第1～2产卵瓣基部分别具第1～2载瓣片。生殖孔位于第8～9节间的节间膜。

基于以上分类特征，将采获的各类节肢动物归为高级分类阶元，即纲、目、总科、科。然后依据相关分类学文献资料、形态学（包括超显微形态学）和分子生物学的方法和手段，以及生物学、生态学特性的分类鉴定特征，将各目物种鉴定到科、亚科、属。采集标本、有关物种的原始文献、模式标本三者进行核对、比较后，如果标本与模式标本及其描述不同，则不是同种，必须重新鉴定，直到最后确定种名。查遍"志书"和"文献"都不能确定的标本，也有可能是新种。新种则要按《国际动物命名规则》定出新种名。对目前还存疑的物种，鉴定到属，并用后缀"sp."来表示。按照植食性（害虫）、捕食性（天敌）、寄生性（天敌）和中性节肢动物（腐食性、分解性、观赏性）4个功能团进行分类，统计不同种类节肢动物的数量并做好记录。

第三节　数据整理

每个生境所有取样点的数据合并成一个样方代表该块样地的节肢动物个体数量参与运算，用Excel 2010进行数据的录入和整合，应用DPS 3.01数据处理系统处理数据，探讨不同样点之间节肢动物种类、各特征指数的差异性。

一、Shannon-Wiener多样性指数（H'）

$$H'=-\sum(Pi*\ln Pi)（i=1,2,......,S）$$

式中，Pi为群落中第i个物种的个体数（Ni）与所有物种个体总数（N）的比值，S为群落内的物种数。群落物种丰富度越高，个体数分布越均匀，多样性指数越大。综合反映了群落物种丰富度和均匀性状况。

二、Margalef丰富度指数（R）

$$R=（S-1）/\ln N$$

即群落中所含有的物种数，是一个相对的概念，它不可能反映群落的全部物种数目，受调查方法等诸多因素的影响。S表示群落中总物种数，N为群落中所有物种个体数。群落的丰富度指数越大，说明群落丰富度越高。

三、Pielou均匀度指数（E）

$$E=H'/H\max=H/\ln S$$

该指数反映了群落各物种数量分布状况，物种数一定的群落总体，种间数量分布的均匀性越高，群落的多样性也越高。

四、Simpson群落优势度指数（C）

$$C=\sum Pi^2$$

群落中个体数（或生物量）越集中于少数类群，群落的优势度则越大；反之亦然。C为物种的集中度，最大值为1。

第三章　节肢动物图鉴

通过样线法、马氏网法、灯诱法、色板法、吸虫器法、性信息素法等6种方法相结合，调查丽水缙云、景宁农田不同时期的节肢动物种类，采集、完成了丽水市昆虫纲、蛛形纲2纲15目92科332种农田节肢动物主要类群的分类鉴定，并对所有鉴定标本进行了拍照。

第一节　鞘翅目 Coleoptera

体小型至大型，咀嚼式口器，前翅鞘翅、后翅膜翅，跗多5节。植食性，少数肉食性。

一、瓢虫科　Coccinellidae

1. 龟纹瓢虫 *Propylaea japonica*（Thunberg）

【形态特征】体卵圆形，长3.5～5 mm，宽2.5～3.5 mm。体色和斑纹多样，翅鞘具黑斑，斑纹变异较大，呈龟纹状、鼎状、贸状等。腿节、胫节均黄色。腹部中央呈直斜线黑色斑，边缘呈黄色或黄褐色。

【习性】常见于农田杂草、果园树丛，捕食多种蚜虫、飞虱和叶蝉。

【国内分布】浙江、山西、黑龙江、吉林、辽宁、新疆维吾尔自治区（以下简称新疆）、甘肃、宁夏回族自治区（以下简称宁夏）、北京、河北、河南、陕西、山东、湖北、江苏、江西、上海、

湖南、四川、台湾、福建、广东、广西壮族自治区（以下简称广西）、贵州、云南等。

2. 二星瓢虫 *Adalia bipunctata*（**Linnaeus**）

【形态特征】体卵圆形，长4~6 mm，宽3~4.5 mm。头黑色，紧靠复眼内侧具2个半圆形黄斑或黑斑。前胸背板黄色或黑色，中央有"M"形黑斑，斑前方多分4裂。鞘翅颜色变异大，黄色、红色或边缘黄色。黑斑存在变异，消失或愈合。胸、腹部腹面黑色，周缘黄褐色。腿节黑色，其余部分橙红色。

【习性】以成虫在树皮缝、墙缝等隐蔽处越冬。广泛活动于农田、果园的蚜虫群中，捕食多种蚜虫和吹棉蚧。

【国内分布】浙江、山西、吉林、辽宁、内蒙古、宁夏、西藏自治区（以下简称西藏）、新疆、甘肃、北京、河北、河南、山东、陕西、江苏、江西、四川、福建、云南等。

3. 方斑瓢虫 *Propylaea quatuordecimpunctata*（Linnaeus）

【形态特征】体长圆形，长3.5～4.5 mm，宽2.5～3.5 mm。鞘翅具14个互相连接的黑斑，呈鼎斑形，2、4斑独立分开。腿节、胫节具斑。腹部中央呈直斜线黑色斑，各腹节黑色部分外扩。

【习性】捕食林木、果树、菜园及大田作物上的蚜虫、粉虱和蚧。

【国内分布】浙江、山西、北京、黑龙江、辽宁、新疆、甘肃、内蒙古、河北、陕西、江苏、贵州、云南等。

4. 异色瓢虫 *Harmonia axyridis*（Pallas）

【形态特征】体椭圆形，长4.5～8 mm，宽4～6 mm。体背底色黄褐色或黑色，鞘翅基色有黄褐色、黑褐色两种，其上斑纹大小、数目、形状、位置不同。鞘翅末端之前具1条显著的横脊。后基线二分叉，主支伸至第一腹板后缘附近再伸向外侧；侧支由腹板后缘斜伸至腹板前缘近前角。

【习性】捕食多种蚜虫、粉虱、蚧。

【国内分布】浙江、北京、河北、内蒙古、山东、河南、四川、福建等。

5. 黄斑裸瓢虫 *Calvia*（*eocaria*）*muiri*（Timberlake）

【形态特征】体宽卵形，长4～5.6 mm，宽3.5～5 mm。头、前胸背板橙褐色。前胸背板基部具4个白斑，横列成行，其中外侧的2枚白斑向外斜向与基缘相接。鞘翅橙褐色，沿鞘缝的3个白斑呈弧形排列。

【习性】生活于低中海拔山区，夜晚有趋光性。成虫、幼虫以蚜虫为食。

【国内分布】浙江、山西、河北、河南、陕西、福建、台湾、广西、四川、贵州、云南等。

6. 六斑显盾瓢虫 *Hyperaspis gyotokui*

【形态特征】体椭圆形，拱起，长2.7～3.2 mm，宽1.9～2.1 mm。基色为黑色，额橙黄（雄）或黑色（雌）。前胸背板黑色，两侧各有1橙色斑，雄虫前胸背板前缘有1细窄的黄带将两斑相连。鞘翅各具3个橙黄色斑，前斑位于中线距鞘翅基部的1/3处，侧斑位于中部而其侧缘与鞘翅外缘相连，后斑则近于鞘翅末端，肾形横置。腹面黑色。足胫节、跗节深褐色，腿节黑色。后基线斜伸至腹板后缘，向前斜伸达腹板中部。

【习性】生活于低、中海拔山区，夜晚有趋光性。成虫、幼虫以蚜虫为食。

【国内分布】浙江、山西、河北、陕西等。

7. 六斑月瓢虫 *Menochilus sexmaculata*（Fabricius）

【形态特征】体椭圆形，光滑，长4.5~6.6 mm，宽3.4~5.3 mm。鞘翅基色为红色或橘红色。在鞘缝、基缘与外缘具环形黑缘，两鞘翅各具3条横带，其中，第1、2横带呈波浪形且与鞘缝相连，第3横带为近卵形斑。鞘缝黑斑扩大与卵形斑重合；或第1、2横带重合。前胸背板黄白色，中央具1个与后缘相连形成的"工"字形黑斑。小盾片黑色。

【习性】爬行力较弱，能在植物株间扩散。在缺食情况下，有自残习性。

【国内分布】浙江、四川、东北、福建、台湾、广东、云南、贵州等。

8. 十三星瓢虫 *Hippodamia tredecimpunctata*（Linnaeus）

【形态特征】体圆形，长6~6.2 mm。头部黑色，前缘黄色；复眼小。额宽大于头宽的1/2，触角锤节结合紧密。前胸背板橙黄色，前缘近直形，中央具1梯形大黑斑，两侧各具1个黑色小圆斑。中胸背板具纵隆线，第1腹板无后基线。小盾片黑褐色。鞘翅基色为黄褐色，共具13个黑斑，其中，1个位于鞘缝靠近小盾片处，每个鞘翅具6个黑斑。腹板黑色，缘折橙黄色，中、后胸侧片黄白色和

腹部1～5节侧缘部分黄褐色。中、后足胫节有两个距，爪中部具小齿。

【习性】以成虫在树皮缝及墙缝等隐蔽处越冬。捕食棉蚜、麦二叉蚜、麦长管蚜等各种蚜虫以及飞虱。

【国内分布】浙江、北京、辽宁、黑龙江、天津、宁夏、甘肃、吉林、河北、山东、河南、新疆、内蒙古、江西、江苏等。

9. 狭臀瓢虫 *Coccinella transversalis* Fabricius

【形态特征】体卵形，长5～7 mm，后部急剧收窄，背面拱起，光滑。前胸背板黑色，前角各具近长方形的橘红色斑。小盾片黑色，具长圆形的缝斑。鞘翅外缘不向外平展。鞘翅基色为红黄色，具黑斑；鞘缝黑色。各鞘翅上有3个黑横斑，前斑"人"字形，中斑横形，后斑靠近端部。腹板黑色，中、后胸后侧片，后胸前侧片端部和第1腹板前角黄色。足黑色。

【习性】成虫、幼虫皆以蚜虫为食。

【国内分布】浙江、台湾、福建、广东、广西、海南、贵州、湖南、云南、西藏等。

10. 黑背隐势瓢虫 *Cryptogonus nigritus* Pang et Mao

【形态特征】体椭圆形，长0.8～1.2 mm，体和小盾片均黑色，椭圆形拱起，无斑纹，鞘翅基缘、两侧缘及鞘翅缝的两侧黑色。

【国内分布】浙江、云南等。

11. 黑襟小瓢虫 *Scymnus*（*Neopullus*）*hoffmanni* Weise

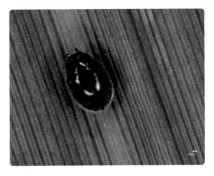

【形态特征】体卵圆形，长1.8～2.4 mm，弧形拱起。背面密生黄色细毛。前胸背板暗红褐色，中部具1个大黑斑。小盾片黑色。鞘翅基色为红褐色，鞘翅基部连至小盾片而及鞘缝形成1个黑斑，该黑斑基部宽阔、末端收窄，鞘翅两侧黑色。色斑分浅色型和深色型。腹板中央黑褐色，第5腹板长而宽，后缘弧形凸出。

【习性】栖息于农田、果树、杂草等，捕食各类蚜虫和叶螨。

【国内分布】浙江、湖南、湖北、北京、黑龙江、陕西、上海、江苏、福建、河南、山东、山西、江西、安徽、四川、广东、广西等。

12. 黑背毛瓢虫 *Scymnus*（*neopullus*）*bahai* Sasaji

【形态特征】体长卵形，长2～2.7 mm，着生较粗的银白色毛，头部黄色至黄褐色。前胸背板两侧和前缘橙黄色至黄色，基部中央具三角形黑斑。小盾片和鞘翅均黑色。鞘翅末端具棕黄色窄边缘，两侧缘较平直。前胸背板缘折、腹板均为黄色，纵隆线明显且向前收窄，纵隆区的长约为宽的2倍。中、后胸腹板黑色。腹部第1、2节黑色，但第2节后缘黄色，末端数节黄色。

足棕黄色。

【习性】以成虫在莎草科、天南星科和香蒲科植物叶鞘下越冬。捕食各类蚜虫。

【国内分布】浙江、黑龙江、湖北、湖南、福建、吉林、北京、山东、河南、江苏、辽宁、山西、陕西、上海、安徽、四川、云南等。

二、肖叶甲科 Eumolpidae

1. 甘薯肖叶甲 *Colasposoma dauricum*（*auripenne*）**Mannerheim**

【形态特征】体卵圆形，长5~7 mm，宽3~4 mm。体色以蓝色和铜色为主。触角基部2~6节黄褐色，端部5节圆筒形。头、胸部背面密布刻点。前胸背板呈横长方形；小盾片近方形，刻点稀疏、较细小。鞘翅布有细微刻点，排列不规则。丽鞘亚种在肩胛后方有1个闪蓝光的三角斑。

【习性】成虫为害幼苗顶端嫩叶、嫩茎，使顶端折断吃汁或啃食薯块表面，使薯块表面发生深浅不同的伤疤。成虫产卵为堆产，以幼虫越冬。

【国内分布】浙江、内蒙古、宁夏、山西、河南、陕西、甘肃、青海、新疆、北京等。

2. 黑额光叶甲 *Smaragdina nigrifrons*（Hope）

【形态特征】体长方形至长卵形，长5.4～7 mm，头黑色，小盾片和鞘翅黄褐色。前胸背板黄褐色，光亮，具（或无）1对黑斑。鞘翅具2条黑色的宽横带，一条靠近翅前端，另一条在翅中间靠后。雄虫腹板红褐色，雌虫黑褐色。足基节、转节黄褐色，其余各节黑色。前胸背板隆凸，小盾片三角形。鞘翅刻点稀疏，不规则排列。

【习性】成虫有假死性，喜阴天或早晚取食，其他时间躲息于叶背，主要为害玉米、白茅属、蒿属等的植物。取食叶片，将叶咬成多个孔洞或缺刻。一般在叶正面取食，先啃去部分叶肉，然后再啃食剩余组织。

【国内分布】浙江、辽宁、河北、北京、山西、陕西、山东、河南、贵州、江苏、安徽、湖北、江西、湖南、福建、台湾、广东、广西、四川等。

3. 丽鞘甘薯叶甲 *Colasposoma dauricum* Motschulsky

【形态特征】体宽卵形，长5～7 mm，宽3～4 mm。体色有铜色、蓝色、紫铜色以及鞘翅红铜色。肩胛后方具1个蓝色有光泽的三角斑。触角细长，端部5节扁阔或筒形。基部6节蓝色，有金属光泽。头部密布粗刻点，额唇基后中部具瘤

突。前胸背板和鞘翅刻点粗密。鞘翅肩部后方具隆起的横褶。

【习性】成虫耐饥力强，飞翔力差，有假死性。

【国内分布】浙江、湖北、江西、湖南、福建、广东、海南、广西、四川、云南等。

三、叶甲科 Chrysomelidae

1. 筒金花虫 *Cryptocephalus* **sp.**

【形态特征】体长6～8 mm。前胸背板红褐色，翅鞘底色橘红色，后端1/4处具宽大的黑褐色横带，肩角具暗褐斑。

【习性】成虫主要出现于夏季，生活在中、低海拔山区。

【国内分布】浙江。

2. 拟金花虫 *Cerogria* **sp.**

【形态特征】体长约7.5 mm。头部、前胸古铜色。前胸背面隆起，翅鞘具金属光泽，翅面有纵向的刻点，近基部及两肩隆突。足黑色，细长。

【习性】分布于低海拔山区，幼虫寄主植物为薯蓣。

【国内分布】浙江等。

3. 双斑长跗萤叶甲 *Monolepta hieroglyphica*（Motschulsky）

【形态特征】体长卵形，长3.5～4.8 mm，宽2～2.5 mm。棕黄色，具光泽。触角11节，丝状，端部黑色。复眼大，卵圆形。

前胸背板宽大于长，表面隆起，密布许多小刻点。小盾片三角形，黑色。鞘翅布有线状细刻点。每个鞘翅基半部具1个近圆形后外侧不完全封闭淡色斑，四周黑色，其后面黑色带纹向后突伸成角状。两翅端合为圆形，后足胫节端部具1根长刺。

【习性】成虫喜食禾本科的玉米和红蓼、豆科的紫苜蓿、菊科的苍耳和苦荬菜、苋科的野苋菜等的叶肉组织，残留网状叶脉或将叶片吃成孔洞。同时，成虫还咬食谷子、高粱的花药，玉米的花丝以及刚灌浆的嫩粒。幼虫仅啃食一些禾本科、豆科作物及杂草的根。

【国内分布】浙江、黑龙江、吉林、辽宁、内蒙古、河北、山西、湖北、湖南、福建、四川、贵州、台湾等。

4. 黄曲条跳甲 *Phyllotreta striolata*（Fabricius）

【形态特征】体长椭圆形，长 1.8 ~ 2.5 mm，黑色，有光泽。触角基部3节棕色。前胸背板及鞘翅许多刻点排成纵行。鞘翅的刻点比前胸背板的细、浅。每个鞘翅有2条黄色纵斑，其外侧中部狭而弯曲，内侧中部直，前后两端弯向鞘缝。后足腿节膨大，擅跳跃。

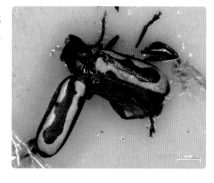

【习性】以成虫在田间、沟边的落叶、杂草及土缝中越冬。

偏嗜十字花科蔬菜，成虫群集于叶片取食，被害叶片布满稠密的小椭圆形孔洞，严重时将叶肉全部吃光，仅剩叶脉。幼虫为害根部，形成疤痕、黑斑，还可传播软腐病。

【国内分布】国内除青海、西藏、新疆尚无报道外，其他各省（区）均有发生。

四、萤科 Lampyridae

大端黑萤 *Luciola anceyi* Olivier

【形态特征】体长11～18 mm，橙黄色。触角黑色，丝状。前胸橙黄色，后缘角尖锐。鞘翅橙黄色，密布细小绒毛，末端有大黑斑。足基节、腿节基部黄褐色，其余部位黑褐色。雄萤发光器两节，乳白色；第1节带状，位于第6腹节腹板；第2节半圆形，位于第7腹节腹板。雌萤仅有1节发光器，乳白色，带状，位于第6腹板。

【习性】生活于中、低海拔山区。幼虫陆生，捕食蚂蚁等小型昆虫，也取食死亡的昆虫；有自相残杀的习性。成虫夜行性，喜聚集于竹林较高处。雄虫发光器发光颜色偏黄，雌虫发光器发光颜色偏绿；雄萤闪光信号快速，雌萤闪光信号缓慢。

【国内分布】浙江、海南、福建、广西、广东、湖北、四川、台湾等。

五、象甲科 Curculionidae

山茶象 *Curculio chinensis*（Chevrolat）

【形态特征】体长6.5 ~ 8 mm，黑色，覆盖白色和黑褐色鳞片。前胸背板后角、小盾片的白色鳞片密集成白斑。鞘翅三角形，臀板外露，被密毛，白色鳞片呈不规则斑点，中间之后有1条横带。腹面密布白毛。喙细长，呈弧形。触角着生于喙基部1/3处，雄虫喙较短，仅为体长的2/3。触角着生于喙中部。前胸背板有环形皱隆线。

鞘翅三角形，臀板外露，被密毛，腿节具1个三角形齿。

【习性】成虫喜荫蔽，具假死性。取食时管状喙大部或全部插入茶果，摄取种仁汁液。

【国内分布】浙江、江苏、安徽、江西、湖北、湖南、福建、广东、广西、四川、云南、贵州等。

六、豆象科 Bruchidae

四纹豆象 *Callosobruchus maculatus*（Fabricius）

【形态特征】体长卵形，长2.5 ~ 4 mm。头黑褐色，被黄褐色毛。头顶与额中央有1条纵脊。触角11节，着生复眼凹缘口，第1 ~ 5节黄褐色，其余黑褐色，由第4节向后呈锯齿状。复眼深凹，凹入处着生白毛。前胸背板圆锥形，褐色，散布稀疏刻点，被浅黄色毛，表面凹凸不平，两侧向前狭缩，前缘中央向后有1纵凹陷，后缘中央有瘤突1对，上面密被白毛，形成三角形或桃形的白毛斑。小盾片方形，上密生白毛。肩胛具10条刻点行，刻点较粗深。鞘翅底色黄褐色，具4个黑斑，中间2个斑较大。臀板细长，倾斜，侧圆弧形，露于鞘翅外。后足腿节腹面有两个隆脊，近端各有1齿，外缘齿突大、钝，内缘齿突小、尖。

【习性】成虫因生活环境不同，有两种类型，在田间生活为害的称飞翔形，在仓库内生活为害的称非飞翔形。成虫具假死性，善飞，在田间及仓库内交替繁殖为害。老熟幼虫将豆皮咬成圆形羽化孔盖，然后化蛹。以成虫或幼虫在豆粒内越冬，新羽化的成虫飞到田间产卵或继续在仓内产卵繁殖。是我国进境检疫三类危险性害虫之一，是重要的植物检疫对象。

【国内分布】浙江、广东、福建、云南、湖南、江西、山东、河南、天津、湖北、广西、台湾等。

七、步甲科 Carabidae

1. 逗斑青步甲 *Chlaenius virgulifer* Chaudoir

【形态特征】体长12～15 mm，黑色。头部、前胸背板具铜紫色或深绿色金属光泽，鞘翅具绿色光泽。鞘翅近端部具1个豆形黄斑，其外缘延伸至鞘翅末端，跨及第6～8沟距。鞘翅外半部被黄绒毛。鞘翅近端部缘折处大毛穴位于黄斑外。腹部光滑，具光泽。前腹突端部具镶边；前腹片中部有少数刻点，后腹片两侧刻点较粗而密，后胸前侧片近于光滑，在外缘处有1凹沟。

【习性】白天潜伏于土中，生活于中、低海拔林区，夜间活动，有趋光性。捕食鳞翅目幼虫和其他小型昆虫。

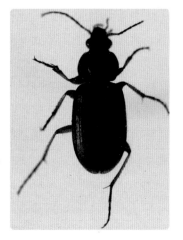

【国内分布】浙江、河北、北京、陕西、江苏、安徽、湖北、江西、湖南、福建、台湾、广东、广西、四川、贵州、云南、上海等。

2. 红胸蠋步甲 *Dolichus halensis*（Schaller）

【形态特征】体长16～20.5 mm，黑红色。触角基部3节、腿节和胫节黄褐色。复眼间具2个圆斑。前胸背板侧缘、鞘翅背面的大斑、跗节和爪均红褐色。头和前胸背板中部光滑，无刻点和绒毛。额较平坦，沟浅，沟中有皱褶。小盾片三角形，表面光亮。鞘翅狭长，前端平，具显著的纵刻纹，末端窄缩。每侧鞘翅具9条刻点沟。前足胫节端部斜纵沟显著。

【习性】生活于林间、小溪边和靠近水源处。具有趋光性，夜间活动。成虫、幼虫捕食大量害虫，例如螟蛾、夜蛾、蝼蛄、隐翅虫、蛴螬和寄蝇等的幼虫。

【国内分布】浙江、北京、黑龙江、内蒙古、甘肃、新疆、陕西、山东、河南、江苏、安徽、河北、湖南、湖北、江西、福建、广东、广西、四川、贵州、云南、上海、辽宁、山西、青海、吉林等。

3. 耶屁步甲 *Pheropsophus jessoensis*（Moraw）

【形态特征】体长10~20 mm，头、胸、附肢棕黄色。头顶具心形黑斑。前胸背板棕黄色，前、后缘黑色，侧缘黄色。鞘翅黑色，肩、侧缘、翅端部黄色。鞘翅肩部和中部各具1个黄色横斑。前胸背板、鞘翅均近方形。各鞘翅具7条纵隆脊。腿节端部黑色，其余部分黄褐色。额两侧有纵皱纹，额沟浅，头后部具细网纹和稀疏的刻点。

【习性】成虫栖息于潮湿生境，受惊和捕食时喷出高温、有毒雾气。幼虫寄生于蝼蛄体内，在土壤和田埂缝隙、田间草垛肥堆、砂石土块堆、农舍前后的砖头卵石堆的缝隙中越冬；越冬成虫具群聚性。

【国内分布】浙江、河北、辽宁、内蒙古、山东、江苏、湖北、福建、台湾、江西、广东、广西、贵州、四川、云南等。

4. 长颈步甲 *Colliuris* sp.

【形态特征】体长6~7.5 mm，黑色，后方收窄。复眼灰黑色，触角基部第3~4节基半部红褐色、端半部黑色。唇基横形，口器棕褐色。前胸背板长筒形，前端收窄呈瓶状，黑色。鞘翅光滑，黑色，具多行刻点行。足黄褐色。

【习性】生活于喜欢在绿

树成荫的环境。具有趋光性，夜间活动。捕食其他昆虫及卵。

【国内分布】浙江、广东、广西等。

八、隐翅虫科　Staphylinidae

1. 青翅蚁形隐翅虫 *Paederus fuscipes* Curtis

【形态特征】体长6 ~ 7.5 mm。头扁圆形，颈和口器黄褐色。上唇横宽，前缘波浪形；下颚须3节，末节片状。触角丝状，11节，基部3节黄褐色，其余各节褐色。前胸较长，椭圆形。鞘翅短，青蓝色，具光泽，仅盖住第1腹节，近后缘处翅面散生刻点。足黄褐色，腿节略膨大，胫节细长，第4跗节两裂，第5跗节细长，具1对爪。腹部长圆筒形，末节尖，具1对黑色尾突。

【习性】有趋光性，喜潮湿，行动敏捷，能逐枝寻觅猎物。以成虫在田边杂草、稻桩和再生稻上越冬，还可在作物地越冬。捕食作物田常见小型害虫，例如飞虱、叶蝉和稻蓟马等。

【国内分布】浙江、湖北、湖南、江苏、江西、广东、云南、四川、福建、甘肃、河南、安徽、浙江、台湾、香港、广西、贵州等。

2. 大灰黑隐翅虫 *Agelosus carinatus* Sharp

【形态特征】体长2 ~ 4 mm，灰黑色，密布刻点。后足第4跗节不分叶，腹部前三节背板基部向后具4条纵脊。鞘翅褐色，散被刚毛，两侧平行。前胸背板宽大于长，且显著较头宽。腹部桶形，末节端部尖。鞘翅中线处具1隆线状光滑带。触角黑褐色，着生于复眼前。腿节黑褐色，胫节和跗节褐色。前腿节粗大，胫节外侧具刺，前跗节膨大。腹末有两束黄色刚毛。

【习性】常见于水边湿地生境，捕食跳跃型小型昆虫，例如跳虫、叶蝉等。

【国内分布】浙江、江苏等。

九、龙虱科　Dytiscidae

灰龙虱 *Eretes sticticis* Linnaeus

【形态特征】体长卵形，长12～15 mm，棕色。头中央具1个黑斑，头后方具沿中线具2条勺形黑横纹。体背腹面拱起。复眼突出，触角丝状。前足小；后足侧扁，为游泳足。前胸背板中部两侧具1条黑横纹，后方具对称的半月形褐斑。鞘翅灰褐色，密布黑刻点，外缘具4对黑斑。沿鞘翅中缝与第3对黑斑平行处具1对黑斑。每鞘翅具3列纵刻点行，其中，外缘的1列刻点行刻点稀疏且小。鞘翅端部弧形，与中缝相接处成尖角。

【习性】具趋光性。生活于池塘、沼泽、水田等静水区域。捕食软体动物、昆虫等。

【国内分布】浙江、黑龙江、吉林、辽宁、河南、重庆、湖南、福建、台湾等。

十、长蠹科　Bostrychidae

竹蠹 *Dinoderus minutus*（Fabricius）

【形态特征】体圆筒形，长2.5～3.5 mm，除须、触角棒和跗节黄褐色外，其余赤褐色。触角10节，末端3节膨大，密被黄色短毛。前胸背板强烈隆起，近基部中央具1对明显圆形凹窝；两侧宽圆，前端较斜；表面被稀疏的细短毛；基半部中央具颗粒，两侧密布单眼状粗刻点；前端具数列锉齿，排列呈同心圆形。前缘齿突起。小盾片横矩形。鞘翅两侧缘向后平行延伸，后端弧形收尾；表面被黄色细短毛和单眼状刻点行。腹板刻点浅。

【习性】是竹材的重要钻蛀性害虫。

【国内分布】浙江、河北、内蒙古、河南、山东、陕西、云南、贵州、四川、湖南、福建、江苏、江西、广东、海南及台湾等。

十一、叩甲科　Elateridae

筛胸梳爪叩甲 *Melanotus cribricolls* Faldermann

【形态特征】体细长扁平，长8～9 mm，被黄色细卧毛。头、胸部黑褐色，鞘翅、触角和足红褐色，光亮。触角细短，第1节粗

长，各节基细端宽，近等长，末节呈圆锥形。前胸背板后角尖锐，顶端上翘；鞘翅狭长，末端趋尖，每翅具9行深的刻点沟。

【习性】成虫活动能力较强，对禾本科草类刚腐烂发酵时的气味有趋性。

【国内分布】浙江、黑龙江、吉林、宁夏、甘肃、陕西、河南、山东等。

十二、锹甲科　Lucanidae

泥圆翅锹 *Neolucanus* sp.

【形态特征】体长26～43 mm，黑褐色至黑色。头、胸部和鞘翅黑色，具光泽。头部具1对鹿角状大颚，雌虫大颚较小，雄虫大颚发达。

【习性】生活在我国中部海拔500～2 000 m的山区。白天常在山路或林道地面爬行。

【国内分布】浙江等。

十三、金龟科　Scarabaeidae

鳃金龟 *Holotrichia* sp.

【形态特征】体椭圆形，长17～22 mm，褐色。触角10节，暗褐色。前胸背板侧缘中央向前呈锐角状外突，刻点大、深，前缘密生黄褐色毛。鞘翅具8条纵隆条带，刻点粗大，散生于带间。前胫节外侧有3个钝齿，内侧生1根刺，后胫节细长，端部1侧生有2个端距；跗节5节，末节最长，端部生1对长爪。小盾片半圆形，端部稍尖。

【习性】成虫具有趋光性，夜间活动。

【国内分布】浙江、内蒙古、河北、陕西、甘肃、宁夏等。

第二节 半翅目 Hemiptera

根据分类系统，该目包括头喙亚目、异翅亚目和胸喙亚目。异翅亚目口器为刺吸式，喙管从头的前端伸出，休息时沿身体腹面向后伸，一般分为4节；触角4~5节；前胸背板大，中胸小盾片发达；前翅基半部骨化，端半部膜质；许多种类有臭腺，头部呈三角形或五角形。

蝉、沫蝉、叶蝉和角蝉类属于头喙亚目，个体小型至大型，翅展3~200 mm。头后口式，刺吸式口器从头部腹面后方生出，喙1~3节。触角刚毛状、线状或念珠状。前翅质地均匀，膜质或革质，休息时常呈屋脊状放置。蚜虫、蚧属于胸喙亚目，有些蚜虫和雌性介壳虫无翅，雄性介壳虫只有1对前翅，后翅退化呈平衡棍，足跗节1~3节，尾须消失。雌虫常有发达的产卵器。许多种类有蜡腺。

一、蝽科 **Pentatomidae**

1. 凹肩辉蝽 *Carbula sinica* **Hsiao et Cheng**

【形态特征】体长6.5～7.5 mm。头褐色，其他部位污黄褐色，具铜质光泽，密布黑刻点。前胸背板前侧缘的黄白色胝状构造具横皱，向后伸过前侧缘中部的曲折处，侧角不上翘，末端较钝。

【习性】生活于中海拔地区，吸食植物汁液。

【国内分布】浙江、甘肃、陕西、四川等。

2. 稻黑蝽 *Scotinophara lurida*（**Burmeister**）

【形态特征】体长4.5～5 mm，长椭圆形，黑褐色。前胸背板前角刺向侧方平伸。小盾片舌形，末端稍内凹或平截，长近达腹部末端，两侧缘在中部稍前处内弯。

【习性】成虫、若虫喜在晴朗的白天潜伏于稻丛基部近水面处，傍晚或阴天到叶片或穗部吸食。

【国内分布】浙江、河北南部、山东、江苏北部等。

3. 斑须蝽 *Dolycoris baccarum*（**Linnaeus**）

【形态特征】体椭圆形，长8～13.5 mm，黄褐或紫色，密被白绒毛和黑色小刻点。触角黑、白色相间。小盾片三角形，黄白色，末端光滑、钝圆。前翅革片红褐色，膜片黄褐色，半透明，超过腹末。腹板淡褐色，零星散布小黑点，足黄褐色，腿节和胫节密布黑刻点。

【习性】初孵若虫群集为害，2龄后扩散为害。成虫及若虫有恶臭，均喜群集于作物幼嫩部分和穗部吸食汁液。

【国内分布】浙江、北京、黑龙江、吉林、辽宁、河北、河南、湖北、湖南、山东、山西、陕西、四川、云南、贵州、安徽、江苏、江西、广东等。

4. 稻绿蝽 *Nezara viridula*（**Linnaeus**）

【形态特征】体长椭圆形，长 12～16 mm，鲜绿色。头近三角形，触角5节，基节黄绿色，第3～5节末端棕褐色，复眼黑色，单眼红色。前胸背板侧缘黄白色，侧角圆，小盾片三角形，末端狭圆，基部具3个横列的小白斑。足绿色，跗节3节，灰褐色，爪末端黑色。腹部黄绿，密布黄斑。

【习性】成虫、若虫具假死性，成虫有趋光性和趋绿性。

【国内分布】浙江、北京、安徽、江西、四川、贵州、福建、广东、云南等。

5. 珀蝽 *Plautia crossota*（Dallas）

【形态特征】体卵圆形，长8～11.5 mm, 鲜绿色。前翅革片暗红色，具黑色粗刻点。具光泽，密被与体同色的细刻点。触角第2节绿色，第3～5节黄绿色，末端黑色。复眼黑褐色，单眼红褐色。前胸背板前侧缘具黑褐色细纹。两侧角圆，稍凸起，红褐色，后侧缘红褐色。小盾片鲜绿色。胸、腹部淡黄绿色；腹部各节后侧角具小黑斑；中胸片具小脊。

【习性】以成虫越冬，为害多种植物。成虫具趋光性。

【国内分布】浙江、辽宁、吉林、北京、河北、山东、江苏、安徽、江西、福建、广东、香港、陕西、广西、四川、云南、贵州、甘肃、西藏等。

6. 青蝽 *Glaucias subpunctatus*（Walker）

【形态特征】体长14～16.5 mm，深绿色，具油脂状光泽，密布细刻点。触角第3～5节淡栗色。前胸背板边缘黑色，微翘，内侧具淡色狭边，侧角钝圆。前翅膜片无色。侧接缘一致黄绿色。足淡绿。腹部黄褐色。

【习性】成虫具趋光性、趋绿性。

【国内分布】浙江、湖南、河南、江西、福建、广东、广西、贵州、云南等。

7. 紫兰曼蝽 *Menida violacea* Motschulsky

【形态特征】体长8～10 mm，紫蓝色，具金绿闪光，密布黑刻点。前胸背板前缘、前侧缘黄白色，后区具黄白色宽带。小盾片端部黄白色。前翅膜片稍过腹末。腹背黑色，侧接缘具半圆形黄白斑，节缝两侧紫蓝色，腹板黄褐色，基部中央具1黄锐刺，伸达中足基节前。

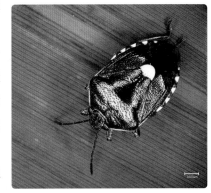

【习性】低龄若虫群集取食，二龄起渐分散。

【国内分布】浙江、河北、内蒙古、辽宁、江苏、福建、江西、山东、湖北、广东、四川、贵州、陕西等。

8. 锚纹二星蝽 *Eysarcoris guttiger*（Thunberg）

【形态特征】体长5.5～7.5 mm，头较长，具淡色纵中线。头褐色，具铜色光泽，刻点暗棕褐色。触角5节，黄褐色。前胸背板侧角短，小盾片基角具2个光滑的黄白色小圆斑。胸部腹板污白色，密布黑刻点，腹部腹板黑色，气门黑褐色。足淡褐色，密布黑色小点刻。

【习性】成虫白天隐藏在植株的隐蔽处，以夜间活动为主。初孵幼虫蛀入花蕾为害，老熟脱落化蛹。幼虫有转花、荚为害的习性。

【国内分布】浙江、台湾、海南、广东、广西、云南、内蒙古、宁夏、甘肃、四川、西藏等。

二、长蝽科 Lygaeidae

1. 黄色小长蝽 *Nysius inconspicus* Dinstant

【形态特征】体长3～4 mm，淡黄褐色，体毛多。单眼具1黑宽带。触角第24节近等长。前胸背板梯形，具中纵脊，不伸达后缘，呈黑褐色，胝区呈宽横带状。背板刻点大。小盾片黑色。前翅淡黄褐色，爪片接合缝褐色，革片端缘及翅脉上具褐斑。膜片淡色透明。

【习性】以成虫杂草根际、枯枝落叶、土缝等隐蔽处越冬。活泼，善飞，遇惊扰后即逃亡。

【国内分布】浙江、湖南、湖北、贵州、四川、江西、广东、海南等。

2. 小长蝽 *Nysius ericae*（Schilling）

【形态特征】体长3.5～4.8 mm，黑褐色。头三角形，有黑刻点。触角密生灰白色绒毛。前胸背板污黄色，密布黑色大刻点，后胸侧板内黄褐色、褐色纵带相间。小盾片黑色，后胸与小盾片具黑刻点。前翅革片末端有1个黑斑；膜质区灰白，透明，具5条纵脉，无翅室。足除股节具黑斑外，其余各节淡

黄褐色。

【习性】以成虫、高龄若虫在杂草根际、枯枝落叶、土缝等隐蔽处越冬。成虫极活泼，善飞，遇惊扰后即逃亡。若虫善爬行，有假死性。成虫、若虫具群集性。

【国内分布】浙江、北京、山西、陕西、河北、天津、河南、江苏、四川、西藏等。

3. 短翅迅足长蝽 *Metochus abbreviatus*（Scott）

【形态特征】体长10.5～11 mm。头黑无光泽。触角黑褐色，第4节基部黄白色。前胸背板黑色，被灰粉，具"M"形黄褐斑。小盾片黑色，中央有1对小褐斑，末端黄白。革片及爪片底色黑，爪片近基部具1对斑，爪片缝缘黄白。革片前缘基半为淡色，顶角、端缘黑色。顶角前端有三角形的白斑，斑前有1条较宽的黑带。膜片黑褐色，端部灰色，以"M"形淡纹与前方的黑色分开。翅短，露出第

7腹节，第5～6节侧接缘各具1个黄斑。

【习性】成虫善于飞行。

【国内分布】浙江、湖南、江苏、四川、台湾、广西等。

4. 淡翅迅足长蝽 *Metochus uniguttatus*（Thunberg）

【形态特征】体长10～11 mm。前胸背板黑色，前叶无光泽，被灰粉，后叶黑褐色，具"M"形黄褐斑，中央被中脊穿过。前叶侧边具细锯齿。小盾片黑色，无光泽，中央有1对小褐斑，末端黄

白。革片及爪片底褐色，后端有1个似三角形的白斑。膜片黑褐色。

【习性】成虫善于飞行。刺吸为害植物，吸取汁液。

【国内分布】浙江、湖南、江苏、四川、台湾、广西等。

三、盲蝽科 Miridae

1. 赤须盲蝽 *Trigonotylus ruficornis* Geoffroy

【形态特征】体长5~6 mm，鲜绿色。头三角形，顶端向前方突出，中央有1纵沟。触角4节，红色。前胸背板梯形，具4条暗色条纹，中央有纵脊。小盾片三角形，基半部隆起，端半部中央有浅色纵脊。前翅革片绿色，膜片白色，半透明，长度超过腹端。后翅白色，透明。足黄绿色，胫节末端和跗节黑色。

【习性】成虫白天活跃，阴雨天隐蔽于植物中下部叶片背面。

【国内分布】浙江、北京、河北、内蒙古、黑龙江、吉林、辽宁、山东、河南、江苏、江西、安徽、陕西、甘肃、青海、宁夏、新疆等。

2. 带纹苜蓿盲蝽 *Adelphocoris taeniophorus* Reuter

【形态特征】体长约5 mm，狭长，两侧较平行。污黄褐色，具深色斑，头淡褐色。触角第
1～2节污黄褐色，第3～4节污
红褐色。前胸背淡黄褐色，具
光泽，亚后缘区有1条黑色的宽
横带。刻点细浅，均匀。小盾
片污黑褐色，具浅横皱。爪片
淡污黑褐色，革片后半中部色
渐加深，呈三角形。缘片外缘黑褐色。革片刻点细密均匀。

【习性】以卵在甘草、苜蓿、枸杞、杂草等茎秆的组织内越冬。

【国内分布】浙江、四川、陕西等。

3. 绿后丽盲蝽 *Apolygus lucorum*（Meyer-Duir）

【形态特征】体长4.5～5.5 mm，绿色。头三角形，黄绿色，
复眼黑色、突出，无单眼。触角4节，丝状。前胸背板深绿色，散
布许多小黑点，前缘宽。小盾片三角形，中央具1条浅纵纹。前翅
膜片半透明，暗灰色。足黄绿
色，后股节端部具褐斑；跗节
末端黑褐色。

【习性】以卵在植株茎
秆、荏、果树皮、断枝以及土
中越冬。具有趋嫩性、趋花
性，不同作物间转移为害。喜
暗、温暖、潮湿，具昼伏夜出
习性。

【国内分布】全国各地。

4. 丽盲蝽 *Lygocoris* sp.

【形态特征】体长约4.5 mm，黄褐色，具稀疏毛。头顶中纵

沟明显，沿沟有1条深褐色纵带。后缘脊窄。触角第1节黄褐色。前胸背板红褐色。小盾片黑色，基角和端角黄白色，具细横皱。前翅革片和爪片红褐色，散布黑褐斑。膜片和足黄褐色。

【习性】行动活泼，善飞，具明显追逐开花植物的习性。除取食植物外，兼食一些其他小型软体的昆虫。

【国内分布】浙江、河北、福建、四川等。

四、缘蝽科 Coreidae

1. 稻棘缘蝽 *Cletus punctiger*（Dallas）

【形态特征】体长9.5～11 mm，黄褐色，狭长，密布刻点。头顶中央具短纵沟，头顶及前胸背板前中部具两个小黑斑。触角第1节较粗，第4节纺锤形。复眼褐红色，单眼红色。前胸背板侧角细长，末端黑色。

【习性】食性广。下午至傍晚活动最盛，阴雨天一般不活动。成虫飞行能力强。成虫、若虫均具向寄主顶端爬行和假死的现象。

【国内分布】浙江、北京、山西、山东、江苏、安徽、河南、福建、江西、湖南、湖北、广东、云南、陕西、贵州、西藏等。

2. 条蜂缘蝽 *Riptortus linearis* Fabricius

【形态特征】体长13～15 mm，狭长，褐色。复眼前部呈三角形，后部细缩如颈。头、胸部两侧具带状黄色斑纹。复眼大，黑色，向两侧突出；单眼在后头突起，赭红色。触角4节，第2节最短，第4节长于第2、第3节之和。

【习性】以成虫在树洞、屋檐下和枯草丛等处越冬。成虫、若虫白天极活泼，早晨和傍晚较迟钝，阳光强烈时多栖息于寄主叶背。

【国内分布】浙江、江西、广西、四川、贵州、云南等。

3. 点蜂缘蝽 *Riptortus pedestris*（Fabricius）

【形态特征】体长15～17 mm，狭长，黑褐色，被白色细绒毛。头前部呈三角形，后部细缩如颈。触角第1节长于第2节。喙伸达中足基节间。头、胸部两侧的黄色光滑斑成点斑状或消失。前胸背板前缘前倾，侧角刺状。小盾片三角形，近中央具1个白斑。膜片淡棕褐色。腹部具黄、黑相间的斑纹。后足腿节粗大，具黄斑，腹面具4个较长的刺和小齿。

【习性】成虫、若虫刺吸汁液，植株结实时群集为害。成虫善飞，动作迅速。

【国内分布】浙江、江西、广西、四川、贵州、云南等。

五、细缘蝽科 Alydidae

大稻缘蝽 *Leptocorisa acuta*（Thunberg）

【形态特征】体长17.5～19 mm，草绿色，密布黑色小刻点。头长，向前直伸。头顶中央有短纵凹。前胸背板长，浅褐色，刻点密，侧角较圆钝。中胸腹板具纵沟，两侧隆起，半透明。翅革前缘绿色，膜质部深褐色。胫节基部、端部黑色。

【习性】以成虫在田间、杂草丛或灌木丛中越冬。

【国内分布】浙江、江苏、广东、广西、安徽、海南、云南、台湾等。

六、猎蝽科 Reduviidae

1. 素猎蝽 *Epidaus famulus* Stål

【形态特征】体长18～25 mm，细长，淡褐色至红褐色。前胸背板、小盾片、腹部第2腹板及前翅革质区被白蜡粉。触角第1节具2个淡色环纹。前胸背板后角圆凸；前叶中后部具菱形结构，后中部具2个长刺。侧角刺粗壮、长。

【习性】生活在林区，以各

类昆虫为食，有强烈的趋光性。

【国内分布】浙江、江西、重庆、四川、贵州、福建、广东、广西、云南、海南等。

2. 黄足猎蝽 *Sirthenea flavipes*（Stål）

【形态特征】体长17～23 mm，暗黄色，具黑斑。头长，稍平伸。触角远离眼着生，单眼前方有横沟。触角4节。前胸背板前叶黄色至黄褐色，前缘凹入，中央具纵沟，两侧具斜纹；前角无瘤，钝圆；后叶短于前叶。中胸腹板具隆起脊。前腿节甚膨大，端部有海绵沟。

【习性】成虫具趋光性，捕食蚜虫、叶蝉及鳞翅目幼虫等。

【国内分布】浙江、贵州、陕西、甘肃、河南、江苏、上海、安徽、湖北、湖南、江西、四川、广东、广西、云南、海南、福建等。

3. 赤猎蝽 *Haematoloecha* sp.

【形态特征】体长约12 mm，红色，光滑。触角、胫节端部、跗节多毛。触角8节，柄节最短，梗节最长，鞭节细、短。

【习性】成虫不善飞，行动迟缓，在早晨有露水时基本不活动，怕阳光。

【国内分布】浙江、上海、江苏、四川、福建、广东、广西等。

七、红蝽科 Pyrrhocoridae

突背斑红蝽 *Physopelta gutta*（Burmeister）

【形态特征】体长14～18 mm。棕黄色，被平伏短毛。头顶棕褐色。触角黑色。前胸背板前叶显著突出，后叶中央具棕黑色粗刻点。小盾片棕黑色。每个前翅革片中央具1个黑色大圆斑，顶角处黑斑呈三角形，较小。膜片褐色。腹部腹板红褐色，腹面侧方节缝具3个黑褐色新月形斑。

【习性】生活于中海拔山区，吸食植物汁液。

【国内分布】浙江、广东、广西、四川、重庆、台湾、云南、西藏等。

八、花蝽科 Anthocoridae

1. 小花蝽 *Orius similis* Zheng

【形态特征】体长2～2.5 mm，黑色，被微毛，背面密布刻点。头短、宽。触角4节，淡黄褐色。前翅爪片、革片黄褐色，楔片端半部较深。膜片无色，半透明，有时具灰色云雾斑。前翅缘片前边向上翘起，爪片缝下陷，膜片有3条纵脉。足基节、后腿节基部黑褐色。前胸背板中部凹陷，后缘中间

向前弯曲，后叶刻点粗糙。小盾片中间横陷。

【习性】若虫行动活泼，觅食能力强。营捕食生活，在食物缺乏情况下，成虫、若虫有互相残杀的习性。

【国内分布】浙江、北京、河南、湖北、上海等。

2. 微小花蝽 *Orius minutus*（Linnaeus）

【形态特征】体长2.2～2.5 mm，褐色。全身被微毛，背面满布刻点。前翅爪片及革片黄褐色，楔片端半常渐深，膜片透明。头短，喙3节，可达中足基节。触角4节，第1～2节短，第3节棒形，第4节纺锤形。前胸背板中部凹陷，后缘中间向前弯曲。

【习性】以雌成虫在树皮下越冬，捕食蚜、蓟马、棉铃虫等的幼虫。

【国内分布】浙江、辽宁、河北、山东、山西、陕西、河南、江苏、江西、安徽等。

九、网蝽科 Tingidae

悬铃木方翅网蝽 *Corythucha ciliate* Say

【形态特征】体长2.1～3.7 mm，体扁平，腹面黑褐色，足和触角淡黄色。头兜、侧背板、翅乳白色。触角4节，第4节端部膨大呈纺锤形。头兜发达，盔状，高于中纵脊。两翅基部隆起处的后方具褐斑。头兜、侧背板、中纵脊和前翅表面的网肋密生小刺，侧背板和前翅外缘的刺列极为显著。前翅显著超过腹末，静止时前翅近长方形。前翅有1个"X"形斑。足细长。后胸臭腺孔缘小，远离侧板外缘。腹部宽短，后端显著收缩。

【习性】繁殖力强，耐寒，以成虫在寄主树皮下或树皮裂缝内越冬。借助风力近距离传播，人为调运带虫的苗木或带皮原木进行远距离传播。

【国内分布】浙江、上海、江苏、重庆、四川、湖北、贵阳、河南、山东等。

十、沫蝉科 Cercopidae

黑斑丽沫蝉 *Cosmoscarta dorsimacula*（Walker）

【形态特征】体长13～16.5 mm。头、前胸背板、前翅红色，具黑斑。颜面隆起，被细毛，两侧有横沟。复眼黑色，显著凸起；单眼小，黄色。前胸背板近前缘有2个窄黑斑，后缘具2个半圆形的大黑斑。前翅网状区黑色，基部到网状区有7个黑斑。中胸腹板黑色，腹板其余区域均橘红色。二列的前缘斑和爪区的斑以红色爪缝隔开。

【习性】以卵在寄主茎内过冬。成虫、若虫均吸食植物汁液，成虫具一定的飞行能力。

【国内分布】浙江、福建、江苏、安徽、江西、台湾、广东、广西、四川、云南、贵州、海南等。

十一、叶蝉科 Cicadellidae

1. 橙带突额叶蝉 *Gunungidia aurantiifasciata*（Jacobi）

【形态特征】体长16~17 mm。头冠具4枚小黑斑。前胸背板前缘横列4个小黑斑；中胸小盾片基角、端部各具1个黑斑。前翅乳白色，具多条橘黄色横带。足黄色。

【习性】以卵在寄主茎秆内越冬。成虫、若虫均吸食小型灌木汁液。成虫具一定的飞行能力。

【国内分布】浙江、广西、江西、湖北、湖南、福建、广东、海南、四川、重庆等。

2. 白边大叶蝉 *Tettigoniella albomarginata*（Signoret）

【形态特征】体长4~6 mm，暗绿色。头黄色，头顶具1个黑斑。小盾片与前胸背板近等长，横刻痕深凹、平直。前胸背板前半部和小盾片浅橙黄色，后半部黑色。前翅黑褐色，前缘淡黄白色。后翅烟黑色。腹部背板黑色，侧缘淡黄色。腹板淡黄色，足浅黄白色。

【习性】具趋光性、趋嫩性和群集性，受惊飞行逃避。

【国内分布】浙江、河北、安徽、河南、重庆、四川、江苏、福建、广东、广西、海南、贵州、云南、陕西、台湾、香港等。

3. 大青叶蝉 *Cicadella viridis*（Linnaeus）

【形态特征】体长7～10 mm。头淡褐色，颊区近唇基缝处具2个小黑斑。触角窝上方、两单眼间具1对黑斑。前胸背板和小盾片淡黄绿色。小盾片中间横刻痕不伸达边缘。前翅绿色，前缘色淡，翅脉青黄色，具淡黑色边缘。后翅烟黑色，半透明。腹部背板蓝黑色，腹板和足橙黄色。

【习性】以卵在林木嫩梢和干部皮层内越冬。成虫喜潮湿背风，吸食嫩绿的杂草、农作物汁液。

【国内分布】浙江、黑龙江、吉林、辽宁、内蒙古、河北、河南、山东、江苏、安徽、江西、台湾、福建、湖北、湖南、广东、海南、贵州、四川、陕西、甘肃、宁夏、青海、新疆等。

4. 假眼小绿叶蝉 *Empoasca vitis* Gothe

【形态特征】体长3.1～3.8 mm，淡黄绿色，头顶中部具2个小绿斑，复眼灰褐色，无单眼，仅在单眼的位置生1对假单眼。小盾片中央及端部生浅白色小斑。前翅浅黄绿色，基部绿色，翅端透明。胫节端部以下绿色。

【习性】刺吸植物汁液，高龄若虫、成虫活泼、横行、跳跃。炎热天气或阴雨天不活动或只在丛间移动。

【国内分布】江苏、安徽、浙江、江西、福建、海南、湖南、湖北、广东、广西、四川、贵州、云南、陕西、台湾等。

十二、飞虱科 Delphacidae

1. 长绿飞虱 *Saccharosydne procerus*（Matsumura）

【形态特征】体长5～7 mm，细长，淡绿色。复眼、单眼红褐色。头顶在复眼前突出，圆锥形。前胸背板、中胸小盾片各具3条纵脊。雌虫外生殖器分泌白绒状蜡粉状物。

【习性】刺吸植物汁液，排泄物覆盖叶面形成煤污状，雌虫产卵痕初呈水渍状，后分泌白绒状蜡粉。

【国内分布】南、北方茭白、水稻种植区。

2. 白背飞虱 *Sogatella furcifera*（Horváth）

【形态特征】有长、短翅型两种。长翅型体长4～5 mm，灰黄色，头顶较狭。颜面有3条凸起纵脊，色淡。小盾片中央具1个五角形白斑。翅半透明，两翅会合线中央有1个黑斑。短翅型体长约4 mm，淡黄色。

【习性】专食性强，嗜食

水稻、稗和野生稻。

【国内分布】全国所有稻区。

3. 灰飞虱 *Laodelphax striatellus*（Fallén）

【形态特征】有长、短翅
型两种。长翅型体长约3.5 mm，
短翅型体长约2.5 mm。头顶与
前胸背板黄色，两侧暗褐色。
前翅近透明，具翅斑。腹板黑
褐色，足淡褐色。

【习性】刺吸水稻、麦类、玉米、稗等禾本科植物，以卵越冬。

【国内分布】全国各大稻区。

4. 连脊淡背飞虱 *Sogatellana costata* Ding

【形态特征】体长2～2.5 mm，淡黄褐色。中胸背板侧脊间
淡黄色，侧区黄褐色。前翅
淡黄褐色，透明，端区中偏后
缘具烟污色条带，爪片后缘淡
黄色。腹背除侧区和基部节间
膜，其余黑褐色。

【习性】以卵越冬，具
一定的趋光性。刺吸水稻、麦
类、玉米、稗等禾本科植物。

【国内分布】浙江、海南等。

5. 褐飞虱 *Nilaparvata lugens*（Stål）

【形态特征】长翅型体长3.6～4.8 mm，短翅型体长2.5～
4 mm。黄褐色或黑褐色，有油状光泽。头顶近方形，额近长方
形，后足基跗节外侧具2～4根小刺。前翅黄褐色，透明，翅斑黑

褐色。短翅型前翅伸达腹部第5~6节，后翅退化。

【习性】以卵越冬，具一定的趋光性。刺吸水稻、麦类、玉米、稗等禾本科植物。

【国内分布】全国各稻区。

十三、蜡蝉科 Fulgoridae

1. 红线带扁蜡蝉 *Catullioides rubrolineata* Bierman

【形态特征】体长6.5~7.5 mm。顶宽大于长，短于前胸背板与中胸背板之和，具宽中脊。前胸背板宽大于长，3脊汇合于前缘。中胸背板宽大于长，侧脊近基部平行，1/2处渐弯并与中脊交汇于前端。前翅长为宽的2倍，翅面具纵暗带、结线，前缘区具横脉、端室及亚端室。

【习性】刺吸水稻、麦类、玉米、稗等禾本科植物，以卵越冬。雌虫分泌蜡粉。

【国内分布】浙江、福建、湖南、陕西、云南、安徽、海南、台湾等。

2. 菱蜡蝉 *Cixiidae* sp.

【形态特征】体长约5 mm。单眼3只。前翅膜质，翅脉间具带有刚毛的瘤结。休息时前翅平放于体背。雄性外生殖器部分外露，雌性外生殖器短剑状。

【习性】生活在寄主植物表面，能飞善跳，取食寄主植物的叶片和嫩茎。

【国内分布】浙江、江苏、江西、四川、福建等。

第三节 鳞翅目 Lepidoptera

体小至大形，成虫翅、体及附肢上布满鳞片，口器虹吸式或退化。幼虫蠋形，口器咀嚼式，各体节密布分散的刚毛或毛瘤、毛簇、枝刺等，腹足2～5对，具趾钩，具吐丝结茧或结网习性。蛹为被蛹。卵圆形、半球形或扁圆形。

一、草螟科 Crambidae

1. 二化螟 *Chilo suppressalis*（Walker）

【形态特征】体长20～25 mm。头淡灰褐色、额白色至烟色，圆形，顶端尖。胸部和翅基片灰白色。前翅黄褐，中室前端具黑斑，中室下方具3个斑呈斜线排列，前翅外缘具7个小黑斑，后翅白色。

【习性】成虫具显著的趋光性。卵块产于近叶鞘处的叶背和叶片正面近叶尖处。

【国内分布】浙江、湖南、湖北、四川、江西、福建、江苏、安徽、贵州、云南等。

2. 稻纵卷叶螟 *Cnaphalocrocis medinalis*（Guenee）

【形态特征】体长8~9 mm，体淡黄褐色，腹末具白、黑鳞毛。前翅浅黄色，前缘及外缘具暗褐色带，前缘中央具1个黑色眼状斑；前缘近中部具1簇黑褐色毛丛。中室近基部及其上方有竖立毛簇，中室端斑暗褐色；线纹褐色，前中线弯曲，后中线直斜。后翅黄色，三角形，线纹与前翅类似，有2条横线，不达后缘。

【习性】成虫喜群集于生长嫩绿、阴蔽、湿度大的稻田或生长茂密的草丛，具一定的趋光性，尤其对金属卤素灯具较强的趋性。

【国内分布】浙江、四川、云南、贵州、湖北、湖南、广东、广西等。

3. 大螟 *Sesamia inferens*（Walker）

【形态特征】体长12~15 mm，头、胸部淡黄褐色，腹部浅黄色或灰白色。前翅淡褐色，近长方形，中央具4个小黑斑。触角具雌雄二型现象，雌蛾触角丝状，雄蛾则栉齿状。

【习性】幼虫具钻蛀习性。成虫具明显趋光性，飞翔力较弱。卵块产于叶背和叶片正面。

【国内分布】台湾、海南、广东、广西、云南、江苏、浙江、四川、云南等。

4. 小筒水螟 *Parapoynx diminutalis* Snellen

【形态特征】翅展14～20 mm。额黄白色杂有褐色鳞毛。头顶黄白色，有褐色带。触角丝状，胸、腹及足黄白色。下唇须上举，基部2节外侧褐色，第3节细，黄白色。下颚须长，基部褐色或黄褐色。前翅基线、亚基线为模糊的斜斑；内横线宽，斜向后缘；中室端脉月斑在中室前后角形成两个黑斑；外横线宽，雄性黄褐色，雌性土褐色，后部色深；亚缘线细，平行于翅外缘；缘毛土黄色，翅脉处具黑斑。后翅基线、亚基线细；中室端脉月斑小，褐色；外横线细。

【习性】幼虫具卷叶行为，成虫具趋光性。

【国内分布】浙江、天津、河北、陕西、河南、山东、上海、江西、湖北、湖南、福建、台湾、广东、海南、广西、四川、贵州、云南等。

二、螟蛾科 Pyralidae

1. 苍白蛀果斑螟 *Assara pallidella* Yamanaka

【形态特征】领片、翅基片及胸部鼠灰色，翅前缘区自基部至外缘线内侧具1条灰白色横带，内线不显著，外线灰色。

【习性】幼虫蛀食果肉，咬断果柄。白天静伏于叶背，傍晚开始活动，吸食花蜜。卵散产于葵花盘的开花区内。

【国内分布】浙江、甘肃、天津、河北、陕西、河南、山东、江西、湖北、湖南、福建、广东、海南、广西、贵州、云南等。

2. 褐萍水螟 *Elophila turbata*（Butler）

【形态特征】前翅黄褐色，具4条横纹，其内侧或外侧具白边；内线外侧在中室处有突角；内、外横区宽，黄褐色，前端色深，内缘波曲，外缘至中室外斜，随后波曲达后缘，中线和外线间色浅；外线

前端倾斜，褐色；亚外缘线弯曲，亚缘区淡黄褐色。

【习性】幼虫水生，取食水萍、睡莲、满江红等水生维管植物。

【国内分布】华北、东北、西北、华中、华南、西南等。

3. 条纹草螟 *Crambus virgatellus* Wileman

【形态特征】翅展22～28 mm。前翅顶角尖锐，外缘倾斜、平直；近翅前缘一半白色，后一半红褐色，中间分界平直、无齿；内横线白色或黄色，有金属光泽；亚外缘线、外缘线淡褐色；缘毛基部白色具光泽，端部淡黄色。

【习性】生活于中、低海拔山区，成虫具一定的飞翔能力和趋光性。

【国内分布】浙江、福建等。

4. 黄纹银草螟*Pseudargyria interruptella*（**Walker**）

【形态特征】翅展14～20.5 mm。额和头顶白色。触角背面淡褐色与白色相间，腹面淡黄色。下唇须白色，外侧淡褐色。下颚须淡褐色，末端白色。领片和胸部白色，两侧淡黄色；翅基片白色。前翅白色，中带淡褐色，与外缘平行；亚外缘线淡褐色；外缘淡褐色，有1列黑斑，臀角处具3个黑斑；缘毛淡褐色。

【习性】成虫具有趋光性，具一定的飞翔能力。生活于中海拔山区。

【国内分布】浙江、甘肃、天津、河北、陕西、河南、山东、江苏、安徽、江西、湖北、湖南、福建、台湾、广东、海南、广西、四川、贵州、云南等。

5. 甜菜青野螟*Spoladea recurvalis* **Fabricius**

【形态特征】翅展17～23 mm。翅黑褐色。前翅前中线淡褐色；中室端斑大、白色；后中线白色，前、后端阔带状，中段点状，自前缘3/4处伸至中部，再向内弯曲至中室下角，与中室端斑相连，与中室端斑连接处形成细尖齿。

【习性】成虫飞翔力弱，具趋光。幼虫吐丝卷叶，在卷叶内昼夜取食。

【国内分布】河北、陕西、山东、台湾、江西、广东、广西、四川、贵州、西藏等。

6. 黄纹髓草螟 *Calamotropha paludella* **Hübner**

【形态特征】翅展19~35 mm。体色多变，雄蛾体小色深，后翅白色；雌蛾前翅白色，具3条断续的淡黄色带，中室或具1个黑斑。

【习性】成虫飞行力较强，具有一定的趋光性。

【国内分布】河北、黑龙江、陕西、宁夏、新疆、台湾、广西、四川、云南、浙江等。

7. 曲纹卷叶野螟 *Syllepte segnalis*（Leech）

【形态特征】翅展18~23 mm。胸、腹部背面褐色至暗褐色，腹部各节后缘白色。前翅中室内具1近方形白斑，中室端斑黑褐色，前中线白色，后中线波纹状，后半段向内弯曲至中室端斑下方，折角达后

缘。后翅后中线白色大波浪状。前翅、后翅缘毛基部暗褐色，端部白色。

【习性】幼虫吐丝将叶卷成筒形藏于其中取食。

【国内分布】浙江、北京、天津、河北、黑龙江、安徽、江西、湖北、河南、广西、陕西、甘肃等。

8. 盐肤木瘤丛螟 *Orthaga euadrusalis* Walker

【形态特征】翅展26～30 mm。前翅基、中部灰白色，散布淡黄色及灰褐色鳞片，端部黑褐色；基部有1个小黑斑，1/3处中间有1束淡黄黑色竖鳞，近前缘具1个黑色带状纵斑；后缘较平直，外横线灰褐色，波状；外横线内侧近前缘具瘤突；中室基斑黑色，沿外缘线均匀排列三角形黑褐斑，脉间灰白色。后翅灰白色。

【习性】初孵幼虫在叠叶间啃食叶肉；随着龄期增大，幼虫将新叶连缀成苞取食。蛹在傍晚和夜间羽化。成长夜间活动，具一定的趋光性。

【国内分布】河北、浙江、安徽、福建、广东、广西、四川、贵州、云南等。

9. 斑点卷叶野螟 *Sylepta maculalis* Leech

【形态特征】翅展34 mm。前翅黑色带珍珠般闪光，翅面具6个浅黄斑，其中，近翅基的2个斑长椭圆形，翅前缘外侧具1个大斑，2个小斑在超前缘下侧上下排列。后翅浅黄色，具黑色中线，亚缘线与缘线横贯翅面，从亚缘线内缘伸向中线，缘线与亚缘线边缘在臀角及翅中部相接。

【习性】成虫具一定的趋光性。幼虫吐丝卷叶，在卷叶内取食。

【国内分布】浙江、黑龙江、福建、四川、台湾、广东等。

10. 豆荚野螟 *Maruca vitrata*（Geyer）

【形态特征】翅展24～26 mm。前翅暗黄褐色，反射紫色光，中央有2个透明白斑。后翅白色半透明，具闪光。

【习性】成虫白天潜伏于豆科植物叶背等隐蔽处，傍晚活动，具趋光性。幼虫卷叶为害大豆、菜豆、四季豆、豇豆；入土结茧越冬。

【国内分布】北京、河北、河南、山东、山西、江苏、浙江、湖南、陕西、四川、云南、广西、福建、广东、台湾等。

11. 尖须巢螟 *Hypsopygia racilialis*

【形态特征】翅展20~23 mm。额黄褐色。触角背面白色，腹面黄褐色。胸部淡红褐色。翅基片长达腹部，黄褐色，领片黄褐色。前翅红褐色，前缘中部有1列白斑，中部前端1/3处有1个深褐斑；内横线黄白色，出自前缘1/3处；外横线黄白色，内侧有黑镶边，由前缘2/3处伸至后缘；缘毛灰白色，近

基部深褐色。后翅内、外横线淡黄色，波状；后缘毛黄白色。腹部红褐色，每节后缘淡黄色。

【习性】生活于中、低海拔山区。成虫具较强的趋光性。

【国内分布】浙江、陕西、河南、江苏、江西、湖北、福建、台湾、广东等。

12. 稻巢草螟 *Ancylolomia japonica* Zeller

【形态特征】翅展18~40 mm。前翅白色，沿翅脉有黑斑排列成点线，翅脉间有淡褐色纵纹；亚外缘线2条，锯齿状，内侧淡褐色，外侧银白色，与外缘平行；亚外缘线与外缘之间有1条深褐线，前缘有深褐斑，后端弯角处具2个深褐斑，缘毛淡褐色。后翅灰白色至淡褐色，缘毛白色。

【习性】成虫白天潜伏在稻丛或杂草中，夜间飞出活

动，具趋光性。幼虫潜居水稻根株间，取食水稻茎叶，撕碎叶片并吐丝造成筒状巢，白天隐居其中。

【国内分布】河北、北京、天津、黑龙江、辽宁、陕西、甘肃等。

13. 桃蛀螟 *Conogethes punctiferalis*（Guenée）

【形态特征】翅展20～29 mm，翅黄色，布黑斑，其中前翅基部前缘1个，基线及亚基线各3个，中室端脉及其内侧各1个，后中线6～7个，亚外缘线8个，外缘3个。后翅翅面中室内具2个黑斑，后中线具7个黑斑，亚外缘线具8个黑斑。

【习性】成虫交尾及产卵均在夜间进行。成虫具强烈趋光性，对白炽灯及黑光灯很敏感。成虫白天静息于叶背、枝叶稠密处或石榴、桃等果实上，夜间活动，吸食花蜜、露水及成熟果实汁液。

【国内分布】浙江、河北、北京、天津、山西、辽宁、陕西、台湾、广东、广西等。

14. 双纹绢丝野螟 *Glyphodes duplicalis* Inoue，Munroe et Mutuura

【形态特征】翅展21～24 mm。额褐色，两侧具白条纹，头顶褐色，粗鳞竖直，两侧白色。肩板及胸、腹部背面黑褐色，两侧白色。胸、腹部腹面白色，足白色，有褐色带。前翅白色，翅基部褐色，内横带褐色有黑色镶边，中室内具1个小黑斑，外横带褐色、弯曲，下端具1条白环纹，亚外缘带褐色，内、外横带及亚外缘带在翅后缘相连，外缘褐色。后翅白色，外缘褐色，亚外缘带黑褐色。双翅缘毛白色。

【习性】生活在中、低海拔山区。成虫具一定的趋光性。

【国内分布】浙江、江西、福建等。

15. 榄绿歧角螟 *Endotricha olivacealis*（**Bremer**）

【形态特征】翅展2～2.2 cm。头红褐色，胸部背面橄榄黄，肩板长达腹部，腹部紫红色。前翅底色为红褐色，翅前缘区有黄、黑相间的斑列；内线黄色，在中室下缘外突成齿；中室端斑黑色，月牙形，内线至中室端斑间区域为橄榄黄色；外线淡黄色，外侧衬以黑色带；亚端线淡黄色，与翅外缘近平行，基部与外线相接，翅外缘中部缘毛暗红色。后翅前缘区黄色，内线黄色；外线黄色具黑色镶边，内线与外线间橄榄黄色，外线基部外侧具1个暗红褐色斑。

【习性】生活于中、低海拔山区。成虫具一定的趋光性。

【国内分布】浙江、河北、山东、湖北、湖南、福建、台湾、海南、四川、西藏等。

16. 伊水螟 *Bradina erilitodas* Straud

【形态特征】翅褐色，内线斜直，暗褐色；中室基部具暗褐斑，中斑为暗褐色短带；外线暗褐色。

【习性】生活于中、低海拔山区。成虫具一定的趋光性。

【国内分布】浙江、台湾等。

17. 卡氏果蛀野螟 *Thliptoceras caradjai* Warren

【形态特征】翅展20~22 mm。额黄色，头顶浅黄色。翅黄色，散布褐色鳞片，斑纹褐色。前翅前缘带宽，达中室后缘后向外倾斜；中室圆斑点状，中室端脉斑粗线状；后中线锯齿状，与外缘平行；外缘线有褐色鳞片向内扩散，缘毛褐色。后翅基部与

后中线之间褐色鳞片密集，后中线锯齿状，缘毛褐色，基部具浅色线，臀角处浅黄色。

【习性】生活于中、低海拔山区。成虫具一定的趋光性。

【国内分布】浙江、江苏、江西、福建、广东、海南、广西、贵州等。

18. 褐纹翅野螟 *Diasemia accalis*（Walker）

【形态特征】翅展16~20 mm。红褐色，头部淡灰褐色。胸部、腹部背面灰黑褐色，腹面浅褐有环，前翅基部有1条黑色横线，外侧紧接1条浅色带与另1条深黑色带及1条浅色带，中室有不明显的环形纹及中室端脉纹，外横线伸直末端弯曲；后翅黑褐色，

中室末端有褐色斑。

【习性】生活于中、低海拔山区。成虫具较强的趋光性。

【国内分布】山东、江苏、浙江、湖南、四川、台湾、广东、云南等。

19. 竹弯茎野螟*Crypsiptyan coclesalis*（Walker）

【形态特征】翅展28～32 mm。额棕色或棕褐色，两侧有淡黄纵条纹。翅基片和胸部背面浅棕褐或褐色，腹面乳白色。前翅黄褐色或褐色，翅脉和翅面斑纹褐色或深褐色；前缘带与前宽后窄的外缘带相连；中室圆斑点状，中室端脉斑短线状；后中线从前缘3/5处发出，强烈内折至CuA_2脉，在CuA_2与2A脉之间形成外凸的锐角。后翅半透明，外缘带前宽后窄，达外缘1/2处；后中线从前缘中部发出，在CuA_2脉之后消失。前、后翅缘毛褐色或深褐色，基部有浅色细线。腹部背面黄色、黄褐色或褐色；腹面浅黄色，各节后缘白色。

【习性】初孵幼虫群集取食，随后分散卷叶结苞取食、转移取食。成虫趋光性较强，白天静伏于隐蔽处，夜间吸食花蜜。

【国内分布】浙江、北京、河南、江苏、上海、湖北、湖南、福建、台湾、广东、海南、广西、四川、贵州、云南等。

20. 黄翅双叉端环野螟 *Eumorphobotys eumorphalis*（Caradja）

【形态特征】翅展32~35 mm。下唇须浅灰黄色，头部、触角、胸部及前翅淡黄赭色有闪光，双翅无斑纹；前翅缘毛黄色；后翅黄赭色，前缘及臀角暗赭色；腹部暗褐色。

【习性】成虫具较强的趋光性。幼虫为害竹，蛀食竹梢取食竹叶。

【国内分布】江苏、安徽、浙江、江西、福建、广东、四川、云南等。

21. 双斑伸喙野螟 *Mecyna dissipatalis* Lederer

【形态特征】翅展28 mm。额灰褐色；头顶赭黄色。触角黄褐色，胸腹部背面灰褐色，腹部基节淡黄色，末端背面有1个白斑。中足基部有白色扇状鳞丛。翅褐色，前翅内横线淡黄色细弱向外倾斜，中室内具1个淡黄色方斑，中室端脉斑淡黄色肾状，中室下侧及外侧各有1个黄斑，外横线淡黄色、弯曲。后翅中室端脉斑黄色周围镶有黑边，外横线宽，黄色，中部向外弯曲。双翅缘毛色泽同翅，臀角处缘毛淡黄色。

【习性】生活在低海拔山区，成虫飞行较敏捷，具趋光性。

【国内分布】浙江、湖北、福建、台湾、广东、海南、四川等。

22. 指状细突野螟 *Ecpyrrhorrhoe digitaliformis* Zhang，Li et Wang

【形态特征】翅展25～26.5 mm。额浅黄色，两侧有乳白纵条纹。头顶浅黄色，触角黄褐色。翅基片和胸部背面浅黄色，腹面乳白色。前后翅橘黄色，翅面斑纹深橘黄色。前翅中室圆斑深橘黄色小点状，中室端脉斑弯月形。后翅中室后角斑块深橘黄色；后中线从前缘基部2/3处发出，至1A脉内折，到达后翅臀角。前、后翅缘毛橘黄色。腹部背面橘黄色，腹面浅黄色。

【习性】生活于中、低海拔山区，成虫具趋光性。

【国内分布】浙江、河南等。

23. 黑点蚀叶野螟 *Lamprosema commixta* Butler

【形态特征】翅展18～19 mm。头白色；触角基部黑褐色。胸部背面褐色，颈片及翅基片黑褐色；腹部背面白褐色，腹面白色；翅黄色，翅中域白色；前翅基部暗褐色，前缘靠近基部具1个黑斑，内横线黑色波纹状弯曲，中室端脉以下暗褐色，中室中央具1个褐色环，外横线波纹状于翅下角向外弯曲成圆环，在翅后角与外缘线相接。后翅外缘有

黑斑。

【习性】生活于中、低海拔山区，成虫飞行速度快，具趋光性。

【国内分布】浙江、福建、四川、台湾、广东等。

24. 黄杨绢野螟 *Diaphania perspectalis*

【形态特征】体长14～19 mm。头部暗褐色。胸、腹部浅褐色，胸部有褐色鳞片，腹部末端深褐色。翅白色，半透明，具紫色泽。前翅前缘褐色，中室内具1个小白斑和1个新月形斑，外、后缘均具1条褐色带，后翅外缘黑褐色。

【习性】成虫白天隐藏，傍晚活动，飞翔力弱，趋光性弱。

【分布】浙江、青海、甘肃、陕西、河北、山东、江苏、上海、江西、福建、湖北、湖南、广东、广西、贵州、重庆、四川、西藏等。

25. 白带网丛螟 *Teliphasa albifusa*（Hampson）

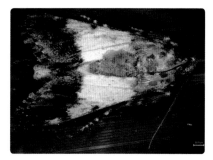

【形态特征】翅展34～38 mm。前翅基部黄褐色杂黑色，前缘具1个白色小圆斑；内、外横线黑色，近后缘显著外斜；中部白色，散布橘黄色鳞片；中室基、端斑黑色，基斑小，端斑大；外横线波浪状，前缘外侧、中段内侧各具1个黄白色或淡黄色斑；端部灰褐色至黑褐

色，散布黄色鳞片；外缘线灰白色，均匀散布1列深褐斑。后翅白色，端部淡褐色，近前缘基部1/3处有1枚淡褐斑。前、后翅缘毛淡黄色至黄褐色。

【习性】低龄幼虫聚集在叶背啃食叶肉，高龄幼虫可吐丝拉网造成叶片折叠。成虫飞翔力较弱，昼伏夜出，有趋光性。

【国内分布】河北、天津、浙江、福建、河南、湖北、广西、四川、云南、台湾等。

26. 马鞭草带斑螟 *Coleothrix confusalis*（Yamanaka）

【形态特征】翅长15 mm。头顶红褐色。前翅黑褐色，基部1/3后半部密被红褐色鳞片，腹面前缘基部具灰褐色短鳞片簇；内横线白色，直；中室端斑白色，圆，分离；外横线灰白色，窄；外缘线褐色；缘毛褐色，端部白色。后翅灰白色，沿翅脉和外缘深褐色。

【习性】成虫飞行敏捷，昼伏夜出，具趋光性。

【国内分布】浙江、甘肃、天津、陕西、河南、安徽、浙江、江西、湖北、湖南、福建、广东、海南、广西、重庆、四川、贵州、云南、西藏等。

27. 黑线塘水螟 *Elophila nigrolinealis* Pryer

【形态特征】翅展15~21 mm。头黄色，头顶黄色杂有褐色鳞毛。胸背部深黄褐色，前部有黄白色鳞，腹面黄褐色。亚基线褐色；内横区宽，淡黄色，混有褐色；前中区楔形，褐色，与细的后中区融合；中室白区小，三角形；中线外白区梯形；中室下白区圆；外横区宽，内侧与中室端脉月斑相接；亚缘线与翅外缘平行，亚缘区黄色，无外缘线，缘毛黄白色。

【习性】成虫飞行敏捷，昼伏夜出，具趋光性。

【国内分布】浙江、江苏、上海、江西、湖南、福建等。

三、灯蛾科 Arctiidae

1. 微苔蛾 *Micronoctua occi* Daniel

【形态特征】头及胸部黑褐色，前翅灰白色，前缘区基部黑褐色，中部具有梯形黑褐色斑；内线黄褐色，波浪形；肾纹灰白色，具黄褐色晕圈；外线灰白色；亚端线褐色，亚短线与内线间纵脉分布有黑色粒点，亚端线至翅外缘间褐色；端线为1列黑色短带。

【习性】生活于中、低海拔山区。成虫具趋光性。

【国内分布】浙江等。

2. 蛛雪苔蛾 *Cyana ariadne*（Linnaeus）

【形态特征】翅白色，亚基线红色，在中脉下方折角；内线红色，从前缘至中室下方折角；中室末端具1个黑斑，横脉纹上具2个黑斑；外线红色，端线红色，在前缘向内弯，不达顶角和臀角。

【习性】生活于中、低海拔山区。成虫具趋光性。

【国内分布】安徽、江苏、浙江、江西、福建、湖北、湖南、四川等。

3. 锈斑雪苔蛾 *Cyana effracta* Walker

【形态特征】翅白色。前翅亚基线橙色，不达后缘，内线、中线橙色，在中室向外弯，中室中部及末端具1橙斑，横纹脉上有2个黑斑，外线橙色，从前缘至Cu_2脉间断，在亚中褶处向内折角，亚端线橙色，端线橙色。

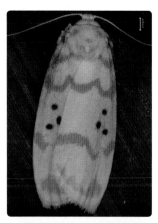

【习性】成虫有趋光性，昼伏夜出。生活于中、低海拔山区。

【分布】浙江、福建、广西、四川、云南、台湾等。

4. 条纹艳苔蛾 *Asura strigipennis*（Herrich-Schaffer）

【形态特征】翅展16～34 mm。黄色，前翅前缘区和端区红色，前缘基部黑边，内线为5个短黑带，中线黑色，从前缘向后缘倾斜，中室端具1黑斑，外线位于M_2、Cu、Cu_2脉上的向内移，端线为1列黑斑。

【习性】具一定的趋光性。

【国内分布】湖南、广东、广

西、四川、云南、台湾等。

5. 土苔蛾 *Eilema* spp.

【形态特征】额圆，单眼有弱痕迹。触角线型具毛和鬃。腹部被粗毛。前翅长而窄，2脉从中室中部伸出，3脉和4脉共柄，5脉缺，6脉从中室上角伸出或与7~9脉共柄。

【习性】生活于中、低海拔山区。成虫具趋光性。

【国内分布】全国广布。

6. 淡白瑟土苔蛾 *Cernyia usuguronis*（Matsumura）

【形态特征】翅展31~34 mm，触角丝状，具刚毛。前翅乳白色，前胸背板、前翅翅基及外缘黄色，色彩具渐层，前翅后缘弧形外弯，至臀角又呈"S"形内凹。

【习性】生活于中、低海拔山区，成虫具一定的飞翔能力和显著的趋光性。

【国内分布】台湾等。

7. 中华赫苔蛾 *Hoenia sinensis* Leraut

【形态特征】翅展10~15 mm。额和头顶白色，触角淡褐色，领片深褐色；胸部淡褐色掺杂白色；翅基片淡褐色，后缘被细长的白色鳞片。前翅散布深褐色鳞片；内横线前端外侧具1个深褐斑；内横斑深褐色，椭圆形，中室基斑与内横线相连，肘斑与内横线分离；中室端斑深褐色，"8"字形，与前缘的深褐色斑点相连；外横线白色，与前缘和后缘均成直角，弯向中室端斑成齿状；亚外缘线白色，中部内弯，与外横线相连；缘毛白色，亚基线淡褐色。

【习性】成虫具有趋光性，具一定的飞翔能力。生活于中海拔山区。

【国内分布】浙江、安徽、湖南、福建、贵州等。

8. 荷苔蛾 *Ghoria* sp.

【形态特征】3脉从中室下角前伸出，4脉与5脉共柄，7脉、10脉从副室伸出，8脉、9脉共柄，6脉从中室上角或从副室伸出，11脉游离，后翅2从中室中部外伸出，3脉从中室下角前伸出，4脉与5脉共柄，6脉与7脉共柄。

【习性】生活于中、低海拔山区，成虫具一定的飞行能力和趋光性。

【国内分布】东洋区。

9. 十字美苔蛾 *Mitochrista cruciata*（Walker）

【形态特征】翅展32 mm。头、胸橙红色，腹部红色；前翅橙红色，前缘具黑带，中室基部具1个黑斑，在中室折角，中线暗褐色，在中室折角与内线相接，外线暗褐，在前缘与中线起点相接后倾斜，缘毛黑色；后

翅黄色，染红色；前、后翅反面翅顶具暗褐纹。

【习性】生活于中、低海拔山区，成虫具一定的飞行能力和趋光性。

【国内分布】河南、四川、云南等。

10. 全黄荷苔蛾 *Ghoria holochrea* Hampson

【形态特征】翅展40～42 mm。灰黄色，下唇须顶端、触角、足暗褐色；前翅前缘基部黑色，腹面除前缘及外缘区外褐色。

【习性】生活于中、低海拔山区，成虫具一定的飞行能力和趋光性。

【国内分布】浙江、福建、湖北、江西、甘肃、陕西、四川等。

11. 日土苔蛾 *Eilema japonica*（Leech）

【形态特征】翅展23～30 mm。暗褐灰色，翅基片其余大部分及胸部褐灰色，腹部灰色，端部及腹面黄色；前翅褐灰色，前缘带黄色，至翅顶渐尖细，缘毛黄色；后翅黄色，中部染灰色。

【习性】生活于中、低海拔山区，成虫具一定的飞行能力和趋光性。

【国内分布】北京、山西、陕西、浙江、云南、四川等。

12. 灰土苔蛾 *Eilema griseola*（Hübner）

【形态特征】翅展27～33 mm，浅灰色，头浅黄色，胸、腹部灰色。前翅前缘带黄色，前缘基部黑边，翅顶缘毛通常黄色；后翅黄灰色，端部及缘毛黄色。

【习性】生活于中、低海拔山区，成虫具一定的飞行能力和趋光性。

【国内分布】浙江、黑龙江、吉林、辽宁、河北、山西、山东、福建、陕西、江西、安徽、湖南、河南、广西、四川、云南、西藏等。

13. 乌闪网苔蛾 *Macrobrochis staudingeri*（Alpheraky）

【形态特征】前翅长16～26 mm。体和翅暗灰褐色，带蓝光。腿节及腹部腹面金黄色至橙红色，臀簇簇基部染赭色。后翅色淡。

【习性】成虫具很强的趋光性和一定的飞翔力。

【国内分布】浙江、陕西、吉林、河南、甘肃、湖北、江西、湖南、福建、台湾、四川、云南等。

14. 全黄华苔蛾 *Agylla holochrea* Hampson

【形态特征】翅展40～42 mm。灰黄色，下唇须顶端、触角、胸足腿节的带、胫节、跗节暗褐色；前翅前缘基部黑色，反面除前缘及外缘区外褐色。

【习性】生活于中低海拔山区的阔叶树林、草丛、灌木丛等生境。成虫夜间活动，有趋光性，吸食花蜜。

【国内分布】浙江、福建、湖北、江西、甘肃、陕西、四川等。

15. 朱美苔蛾 *Barsine pulchra* Butler

【形态特征】翅展26～36 mm。体红色，前翅翅脉黄带，内横线、中横线底色黄，内横线上边由黑点组成，中横线较直，前缘基部黑色，基点、亚基点黑色，外横线由基点组成，黑点向外延伸成黑带。后翅色淡。前、后翅缘毛黄色。

【习性】成虫具一定的趋光性。

【国内分布】浙江、吉林、北京、福建、广西、黑龙江、湖北、河南、江西、江苏、四川、山东、陕西、云南等。

16. 白黑瓦苔蛾 *Vamuna ramelana*（Moore）

【形态特征】翅展55 mm。触角黑色线状。体白色，前翅前缘中部具1个黑斑，前缘具黑边；翅中部偏外具1个黑褐斑，隐约具黑紫褐色斜带；翅顶外缘上部黑色。后翅中部偏外有1个紫褐斑。

【习性】生活于中、低海拔山区。成虫夜间活动，具趋光性；白天潜伏于隐蔽处。

【国内分布】浙江、江苏、福建、江西、湖北、湖南、广西、海南、四川、云南、西藏等。

17. 双分苔蛾 *Hesudra divisa* Moore

【形态特征】翅展30～42 mm。头黄色或黑褐色，胸黑褐色，颈板黄色，内半黑褐色，翅基片黑褐色，外侧缘黄色，腹背灰黄色，肛毛簇及腹面黄色。前翅前半部灰黄色，前缘区色较深，前缘基部具黑边，后半部黑褐色，翅面稍带闪光，反面除前缘带黄色外，其余暗褐色；后翅黄色。

【习性】成虫夜间活动，具一定的趋光性。

【国内分布】浙江、福建、江西、湖南、云南、广东、台湾等。

18. 点清苔蛾 *Apistosia subnigra*（Leech）

【形态特征】翅展27～40 mm。淡橙黄色。腿节与跗节端部黑色。腹基部灰白色。前翅淡橙黄色，前缘基部黑边，外线处黑斑位于前缘及亚中褶，前缘的黑斑大，从黑斑至基部有1条窄的浅色前缘带。翅顶缘毛稍暗褐色，背中室及后缘区散布黑色，内半前缘下方有1条暗褐带。后翅色淡，后缘区色浅。

【习性】成虫具有显著的趋光性。

【国内分布】湖南、陕西、福建、四川、云南，2022年在浙江调查过程中首次发现。

19. 人纹污灯蛾 *Spilarctia subcarnea*（Walker）

【形态特征】翅展40～46 mm。头、胸黄白色，触角锯齿状，黑色，腹部背面除基节与端节外红色，腹面黄白色，背面、侧面具有黑点列。前翅黄白色，染红色，2A脉上方具1个黑色内线点，中室上角通常具有1个黑点，从Cu脉至后缘有1个斜列黑色外线点，后翅红色，缘毛白色，后缘染红色或无红色；后翅腹面中室端黑点。

【习性】成虫下午至傍晚羽化，白天静伏于叶背、杂草、灌木丛间，傍晚飞翔活动，飞翔力较强。幼虫活泼，具显著假死性。

【国内分布】吉林、华北、华东、华中、广东、台湾、云南、陕西、广西、福建等。

20. 大丽灯蛾 *Aglaomorpha histrio*（Walker）

【形态特征】翅展80~103 mm。触角黑色。头、胸、腹部橙色；颈板橙色，中间有1个大黑斑，翅基片黑色。胸部具闪光黑色纵斑，腹部背面具1列黑色横带，侧面及腹面各具1列黑斑。前翅黑色有

闪光，前缘区有4个黄白斑点，中部有1个橙色斑，翅面具大小不等的黄白斑，翅顶有4个小黄斑。后翅橙色，有数列黑斑，翅顶黑色。

【习性】生活于低、中海拔山区。成虫白天喜访花，夜间具趋光性。

【国内分布】江苏、吉林、安徽、浙江、福建、江西、湖北、湖南、广西、四川、贵州、云南、台湾等。

21. 尘污灯蛾 *Spilarctia obliqua* Walker

【形态特征】翅展40～66 mm。体淡黄色，额两边黑色，触角黑色。胸部背面偶具1条黑带；腹部背面除基部与端部红色，背面、侧面具有黑点列。

【习性】北方以蛹越冬，南方以幼虫越冬。成虫夜间活动，具显著的趋光性。

【国内分布】江苏、浙江、福建、广东、广西、陕西、四川、云南等。

【习性】生活于低、中海拔山区。成虫夜间具趋光性。

22. 洁白雪灯蛾 *Chionarctia pura* Leech

【形态特征】翅展50～60 mm。体和翅白色。触角栉齿下方黑色。足具黑带，前足基节有红边，腿节上方橙红色，腹部白色。亚背面具橙红斑，背面具1列黑色小圆斑，侧面和亚侧面具黑点列。后翅横脉纹黑色，前、后翅反面翅脉黑色，横脉纹黑色。

【习性】成虫具强趋光性，白天栖息于植物叶背，夜间活动。

【国内分布】浙江、陕西、四川、贵州、云南等。

23. 黑须污灯蛾 *Spilarctia casigneta*（Kollar）

【形态特征】翅展42~62 mm。体淡黄褐色，触角及额黑色。足基节和腿节上方红色，胫节和跗节黑色。腹部背面除基部与端部外红色、背面与侧面具有黑点列。翅顶至后缘有1列黑点；后翅后缘染红色，横脉纹黑色，臀角上方具黑斑；前翅腹面中区常具红色，中室端具1个黑斑。

【习性】成虫白天潜伏于隐蔽处，夜间具趋光性。

【国内分布】陕西、浙江、湖南、四川、云南、西藏等。

24. 姬白污灯蛾 *Spilarctia rhoclophila* Rothschild

【形态特征】翅展30~50 mm。体和翅白色。颈板侧面有红斑，额的两边及触角黑色，腹部除基部及端部外背面红色，背、侧面、亚侧面各有1列黑点。前翅中室上角具1个黑斑，前缘边赭色，外线1斜列暗褐斑从M脉至后缘，亚端线暗褐色。后翅中室端点暗褐色。

【习性】幼虫群聚吐丝，缀叶成包，潜居于叶苞内取食。成虫具有较强的趋光性。

【国内分布】浙江、福建、湖北、湖南、四川、云南、台湾等。

25. 黄星雪灯蛾 *Spilosoma lubricipedum*（Linnaeus）

【形态特征】翅展32~39 mm。雄蛾触角黑色，双栉齿状。头、胸部白色；腹部背面除基节和端节外均为黄色，背、侧面和亚侧面各有1列黑斑，足具黑纹，腿节上方黄色，翅白色。前翅散布黑斑；前缘近基部具数个黑斑；外侧黑点呈并列的细短纹。后翅中部具1个黑斑，外侧具数个黑斑。

【习性】生活于中、低海拔山区。成虫具较强的趋光性。

【国内分布】浙江、江苏、黑龙江、吉林、河北、山西、陕西、湖北、湖南、广西、四川、贵州、云南等。

26. 望灯蛾 *Lemyra* sp.

【形态特征】体多为白或黄色。触角短，双栉齿形。中胫节具1对距，后胫节具中距及端距。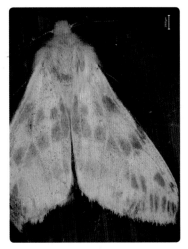

【习性】成虫有趋光性，昼伏夜出。

【国内分布】浙江。

27. 峨眉东灯蛾 *Eospilarctia pauper* Oberthür

【形态特征】翅展35~50 mm。头黄白色，具黑斑，前端具红边。翅基片黄白色，具黑褐色纵带。胸黄白色，具黑褐色宽纵带。足暗褐色，基节红色，腿节具红带。腹部红色，背、侧面各具1列黑斑。前翅暗褐色，翅脉黄白色，内线在前缘处具白斑，前缘中部有1白方斑，中室下方有1条白短带，中室外有时有1个白斑，翅顶至6脉有1个白斜斑。后翅黄白色，横脉纹暗褐色，后翅背前缘内线处有1个黑斑。

【习性】成虫具趋光性。

【国内分布】四川、云南、湖北等。2022年在浙江首次发现。

四、夜蛾科　Noctuidae

1. 条拟胸须夜蛾 *Bertula spacoalis*（Walker）

【形态特征】体褐色。前翅褐色，内线及中线白色，显著，波纹状；亚端线端部显著，近基部渐模糊。

【习性】成虫有趋光性，昼伏夜出。成虫具一定的飞翔能力。

【国内分布】浙江、河北、江苏、江西、湖南、福建、四川等。

2. 嘴壶夜蛾 *Oraesia emarginata* Fabricius

【形态特征】翅展34～40 mm。头部黄褐色，胸部褐色，腹部灰褐色。前翅棕褐色，肾纹隐约可见，外线褐色外弯，亚端线暗褐色锯齿形，两条黑褐线自顶角内斜。

【习性】成虫白天潜伏于灌木、杂草丛，夜间取食和产卵等活动，喜闷热、无风的夜晚。成虫趋化性和趋光性都较强，具假死性。

【国内分布】江苏、浙江、台湾、广东、广西等。

3. 楞亥夜蛾 *Hydrillodes lentalis*（Guenée）

【形态特征】翅展21 mm。体灰褐色。前翅狭长，翅面具3条波状横线，基部2条横线间色淡，具1条肾形纹。后翅灰褐色，2条横线隐约可见。

【习性】生活于中、低海拔山区，成虫具一定的飞行能力和趋光性。

【国内分布】中国南部（浙江等）。

4. 后案秘夜蛾 *Mythimna postica* Hampson

【形态特征】翅展35 mm左右。前翅黄白色；翅脉纹褐色，各脉间具褐纵纹；臀褶后有1条较粗黑褐纵纹；外线为1列黑斑，近顶角有1条黑褐纹。后翅暗褐色。

【国内分布】浙江、河北、黑龙江、吉林、江西、西藏等。

5. 黏夜蛾 *Leucania* sp.

【形态特征】喙发达；下唇须斜向上伸，第2节边缘有毛，第3节短，向前伸；额平滑；触角具有纤毛。头胸被毛，间有鳞片，胸部有或无毛簇。胫节具缘毛。腹基部有粗毛。

【习性】成虫夜间具较强的飞翔能力，白天潜伏于生境中的隐蔽处。

【国内分布】全国分布。

6. 胸须夜蛾 *Cidariplura gladiata* Butler

【形态特征】翅展30～31 mm。头部深灰色；下唇须灰色，上弯；前翅灰褐色至棕灰色；内横线纤细深褐色，弯曲，内侧伴衬灰白色；外横线白色，内侧伴衬深褐色，前缘区呈小三角形斑；亚缘线模糊；外缘线深褐色；环状纹为1个白色小点斑；肾状纹为椭圆形斑。后翅新月纹模糊；外横线白色，内侧伴衬黑褐色；亚缘线棕褐色至淡棕色。

【习性】成虫停栖时呈等腰三角型，成虫具一定的飞翔能力和趋光性。

【国内分布】江西、湖北、湖南、福建、四川、台湾等。

7. 剑纹夜蛾 *Acronicta* sp.

【形态特征】喙发达；下唇须斜向上伸；额光滑，胸部被毛或只被鳞片；前翅具1个径副室。

【习性】成虫夜间具较强的飞翔能力，白天潜伏于生境中的隐蔽处。

【国内分布】吉林、山东、江苏、安徽、浙江、海南、四川、云南等。

8. 小藓夜蛾 *Cryphia minutissima*（Draudt）

【形态特征】翅展21~22 mm。头部灰色，触角淡棕灰色，胸部灰色，领片和肩板棕灰色，腹部棕灰色，前翅灰色，散布棕色，基线黑色，中室前可见，内横线黑色，由前缘外斜至2A脉后部，再弯折内斜至后缘，内侧伴衬灰白色至青白色；中横线黑色；外横线纤细黑色线，亚缘线黑色波浪形弯曲；外缘线烟黑色，饰毛烟黑色和灰色相间；基纵线黑色，由基部伸达外横线，在内横线内侧有断裂；臀剑状纹黑色短小；环状纹外斜，长圆形。后翅淡棕褐色，新月纹晕状小点斑。

【习性】成虫具一定的飞行能力，生活于中、低海拔山区的潮湿生境。

【国内分布】江西、浙江、湖南等。

9. 弧角散纹夜蛾 *Callopistria duplicans*（Walker）

【形态特征】翅展25～27 mm。触角线状、黄褐色。头、胸部褐杂黑色，腹部暗褐色。前翅棕褐色，翅脉淡黄色；环纹黑色白边，外斜，肾形纹白色，中央有1条黑曲纹及1条褐曲纹，与近端部的波状横线相连，顶角及后方具白色粗条纹。后翅灰棕色。

【习性】成虫飞行能力和趋光性均较强。

【国内分布】江苏、山东、浙江、江西、福建、海南、四川、台湾等。

10. 厚角夜蛾 *Hadennia nakatanii* Owada

【形态特征】翅棕褐色，内线黑褐色，弧形弯曲；肾纹黄褐色，外围以黑色边；中线在肾纹位置显著外突；外线黑褐色，平直，外线以外区域暗褐色。

【习性】成虫具一定的飞行能力和趋光性。生活于中、低海拔山区潮湿生境。

【国内分布】浙江等。

11. 斜纹夜蛾 *Spodoptera litura* Fabricius

【形态特征】翅展32～39 mm。触角暗褐色线状。成虫前翅灰褐色，内横线和外横线灰白色，呈波浪形，有白色条纹，肾形纹前部白色、后部黑色，环状纹和肾形纹之间有3条白斜纹，自翅基部向外缘具1条白纹。后翅白色，外缘暗褐色。

【习性】成虫白天潜伏于叶背或土缝等阴暗处，夜间活动，飞行能力较强，具趋光性和趋化性，尤其对糖、醋、酒等发酵物敏感。

【国内分布】浙江、江苏、江西、山东、湖南、福建、广东、海南、贵州、云南等。

12. 金掌夜蛾 *Tiracola aureata* Holloway

【形态特征】翅展50～56 mm。触角暗褐色线状。头、胸部褐色，腹部深褐色。前翅褐色，前缘中部具1个三角形黑斑，其下方连接1条较粗的黑色横线；基部的横线波状，三角形斑外侧的横线由黑点组成，端缘具1列黑点；翅顶角下方具1个深褐色斑，与下方的浅色横线相连。后翅淡褐色。

【习性】初孵幼虫具群集性；幼虫白天栖居隐蔽处，傍晚活动取食。成虫具较强的飞行能力和趋光性。

【国内分布】浙江、江苏、江西、山东、西藏、台湾等。

13. 白线尖须夜蛾 *Bleptina albolinealis* Leech

【形态特征】翅展24～30 mm。雄虫触角黄褐色与红褐色相间，雌虫触角基部黄褐色，其余红褐色。头部深褐色，腹部褐色。前翅赭褐色，具3条白斜线，基部前缘区具1条淡色纵纹，外缘具1列黑色三角形斑。后翅灰棕色，中央具1个黑斑，其外侧具1条黑色横带，外缘具1列黑斑。

【习性】成虫具较强的趋光性，生活于中、低海拔山区。

【国内分布】江苏、湖南、江西、福建、广东、广西、四川等。

14. 黑点贫夜蛾 *Simplicia rectalis*（Eversmann）

【形态特征】翅展30～32 mm。触角暗褐色、线状。头部与胸部淡褐色至深褐色，腹部褐色。前翅淡褐色至深褐色，翅中部隐约可见2条褐色或黑色的波状横线，亚端部具1条白色横线。后翅褐白色至深褐色。

【习性】生活于中、低海拔山区冷凉潮湿生境。成虫具一定的趋光性。

【国内分布】浙江、江苏、北京、黑龙江等。

15. 尖裙夜蛾 *Crithote horridipes* Walker

【形态特征】翅展40～44 mm，头部灰黄色至棕黄色，触角黑色。胸部灰褐色。前翅灰色至灰褐色，基线仅在中央具1个黑斑；内横线中室前黑色，其后灰黄色，在2A前外突成角，自中室后缘至后缘间呈1个黑色不规则方斑，内侧伴衬灰黄色；中横线灰黄色；外横线黑色，其后波浪形；亚缘线灰黄色至黄色条斑组成，伴衬黑色；外横线橘黄色，内侧半侧黑色；外横线区中室之后呈1个方形大黑斑。顶角区烟黑色；肾状纹烟黑色，中央具灰色小斑；附环纹灰白色至灰色。后翅新月纹仅呈小晕状点斑。

【习性】生活于中、低海拔山区冷凉潮湿生境。成虫具一定的趋光性。

【国内分布】浙江、江西、福建、海南等。

16. 角镰须夜蛾 *Polypogon angulina*（Leech）

【形态特征】翅展18 mm。头部灰褐色。胸背面灰褐色，前翅灰褐色；肾纹褐色，细窄、弯曲；外线褐色；亚缘线粗，深褐色；缘线褐色。后翅色浅；外线褐色，自前缘后直线外斜至臀褶折向内；亚缘线粗，褐色，自M脉至臀褶，折角向内；缘线褐色。腹部灰褐色。

【习性】生活于中、低海拔山区冷凉潮湿生境。成虫具一定的趋光性。

【国内分布】浙江、陕西、甘肃、湖北、湖南、福建、海南、四川、云南等。

17. 灰肩耙夜蛾 *Bagada poliomera*（Hampson）

【形态特征】翅展15 mm。前翅褐色，翅面散布淡橘色鳞片及灰褐色点，前缘外半部具1条白色带，自顶角向内逐渐变窄变淡，后缘中部具1个白色大斑，肾形纹白色斑，外侧衬褐色斑。后翅淡黄褐色，端区灰褐色。

【习性】生活于中、低海拔山区冷凉潮湿生境。成虫具较强的趋光性。

【国内分布】浙江、广东、香港、海南等。

18. 阴耳夜蛾 *Ercheiaumbrosa* Butler

【形态特征】翅展43～46 mm。触角深褐色、丝状。头、胸部暗棕色，腹部棕色。前翅暗棕色，前缘中部具深色斜纹，顶角具两条黑纵纹，后角之前具灰白色闪电状斑。后翅棕色，中部具波状淡纹，近端部具宽黑纹。

【习性】生活于中、低海拔山区。成虫具较强的趋光性。

【国内分布】江苏、江西、广东、广西、海南、贵州、四川、香港、台湾等。

19. 白点朋闪夜蛾 *Hypersypnoides astrigera*（Butler）

【形态特征】翅展35～42 mm。雄虫触角双栉齿状，黑色或黄褐色。胸、腹部暗褐色杂灰色。前翅褐色，布细灰褐点及黑点；各横线黑色，细弱，锯齿形；中部具两淡黄斑，其内侧具1个黄斑；前缘具1列淡黄斑；近翅外缘具1列淡黄小斑。后翅褐色，亚端区为1条褐宽带；外缘毛在前半部淡黄色，后半部褐色杂淡黄色。

【习性】成虫夜间活动，具一定的趋光性；白天静伏于隐蔽场所。

【国内分布】江苏、陕西、甘肃、浙江、福建、江西、四川、云南、海南、台湾等。

20. 锯带疖夜蛾 *Adrapsa quadrilinealis* Wileman

【形态特征】翅展32～34 mm。头部和触角赭灰色。雄蛾触角单栉状，雌蛾线状。胸部深赭褐色，被长鳞毛。腹部纤细淡赭褐色，前翅底色赭褐色，内横线深褐色，中横线深褐色，外横线深褐色，亚缘线灰白色，外缘线深褐色，外侧伴衬赭灰色；环状纹为灰白色小点斑，肾状纹为残月形灰白色眼斑，外缘线区在M脉区具灰黄斑。后翅中横线深褐色，外横线深褐色，亚缘线深褐色。

【习性】成虫白天静伏于叶片或其他隐蔽处，夜间活动，具较强的趋光性。

【国内分布】浙江、江西、台湾等。

21. 中桥夜蛾 *Anomis mesogona*（Walker）

【形态特征】翅展24～38 mm。触角黄褐色、线状。体及前翅暗红褐色或黄褐色。前翅基部的横线折线形，中部横线前半段外突、后半段直，其内侧具黑色肾形纹；翅外缘中部外突成尖角。后翅灰褐色。

【习性】成虫具较强的趋光性和一定的飞翔力。

【国内分布】江苏、北京、甘肃、黑龙江、河北、山东、浙江、福建、湖北、湖南、海南、贵州、云南、台湾等。

22. 红晕散纹夜蛾 *Callopistria repleta* Walker

【形态特征】翅展29～32 mm。触角淡黄色、线状。头、胸部与腹部褐色，腹部各节末端淡黄色。前翅棕黑色，间有红赭色、褐色和白色；翅面基部、端部1/3处的横线双线白色，线间黑色；两横线之间基向具1条长椭圆形环状纹，外镶黄褐色细边；外侧具2条乳黄色长条纹，条纹间具黑斑。后翅深褐色。

【习性】成虫具一定的趋光性。

【国内分布】江苏、北京、陕西、江西、河北、山西、河南、浙江、湖北、湖南、福建、四川、广西、云南、海南、台湾以及东北地区。

23. 黄镰须夜蛾 *Zanclognatha helva*（Butler）

【形态特征】翅展26～29 mm。雄虫触角双栉齿状，距基部约1/3处有疖；雌虫触角黄色线状。头、胸、腹部褐色，前翅面中部

具2条深褐色波状横线，横线间具深褐色圆斑，翅顶角发出1条斜纹伸达翅后缘近端部，端缘具1条细的黑色线条。后翅褐色，端缘具1条黑色线纹。

【习性】生活于低、中海拔山区。成虫夜间具趋光性。

【国内分布】江苏、浙江、湖南、福建、台湾等。

24. 菊孔达夜蛾 *Condate purpurea* Hampson

【形态特征】翅展33～34 mm。头棕褐色，散布青灰色；触角褐色。胸部棕红色，中央两侧具黑色纵条纹；领片深棕红色；肩板棕灰色。腹部深灰色。前翅棕红色至棕色；基线红色；外缘线暗棕色，内侧翅脉间的端部具黑白相间的小点斑；环状纹为黑点斑，肾状纹为灰白色条斑；前缘区中部具2个橙色圆斑；近顶角的前缘具3个白色小点斑。后翅基部青灰色，中线外侧红棕色，散布黑褐色小点斑。

【习性】生活于低、中海拔山区。成虫夜间具趋光性。

【国内分布】浙江、江西、台湾等。

25. 曲秘夜蛾 *Mythimna sinuosa*（Moore）

【形态特征】翅展34～36 mm。头部灰黄色至黄色。触角基部灰黄色，其余黑褐色。胸部和肩板灰黄色至淡黄色，领片橘红色，腹部亮黄色，前翅灰黄色至淡黄色；内横线在前缘呈黑点斑，中室内至楔状纹呈棕黑色，外横线黑色纤细的波浪形外向弯曲线；亚缘线前缘可见1个小斑，外缘内侧翅脉间伴衬黑点斑列；饰毛黑色和灰黄色至淡黄色相间；环状纹外框黑褐色，内部棕黄色，肾状纹外框黑褐色，内部棕红色；楔状纹外框黑褐色，内部棕红色，中室后缘外半部银白色；

肾状纹外侧至外缘线棕红色。后翅棕黄色；新月纹深褐色晕状半圆斑。

【习性】成虫夜间活动，具趋光性。

【国内分布】江西、浙江、福建、四川、台湾等。

26. 霉巾夜蛾 *Parallelia maturata* Walker

【形态特征】翅展52～55 mm。头部及颈板紫棕色；胸部背面暗棕色，翅基片中部具紫色斜纹，后半带紫灰色；腹部暗灰褐色；前翅紫灰色，内线较直，中线直，内、中线间大部紫灰色，外线黑棕色，在6脉处成外突尖齿，亚端线灰白色，锯齿形，在翅脉上成白斑，顶角至外线尖突处有1条棕黑斜纹；后翅暗褐色，端区带有紫灰色。

【习性】成虫夜间活动，具一定的趋光性和飞行能力。

【国内分布】浙江、台湾、江西、江苏、四川等。

27. 白斑烦夜蛾 *Aedia leucomelas*（Linnaeus）

【形态特征】翅展30～34 mm。前翅墨绿色，散布褐色及白色鳞片，内线黑色波浪状，环纹黑色点，肾形纹白色三角形大斑，前端达前缘，中部具1个墨绿色斑，后端连接1个白斑，外线黑色波浪状；后翅白色，外区黑色宽带，外缘顶角下方及臀角处具白斑。

【习性】成虫傍晚至夜间羽化，具趋光性。

【国内分布】浙江、湖南、福建、广东、广西、四川、云南、贵州、台湾等。

28. 柿癣皮夜蛾 *Blenina senex* Butler

【形态特征】翅展40 mm左右。头、胸部灰绿色杂白色及褐色；腹部淡褐色；前翅灰绿色带白霉色，基线黑色，内线黑色，中室有黑色竖鳞簇，亚端线白色，内侧衬黑色；后翅褐色，端区黑褐色，翅中部有1条暗褐线，其外侧淡褐色。

【习性】分布于低、中海拔山区。成虫白天静伏于树干，不易发觉，夜晚具趋光性。

【国内分布】江苏、江西、广西、四川等。

29. 沟翅夜蛾 *Hypospila bolinoides* Guenée

【形态特征】翅展35 ~ 39 mm。触角黑褐色、线状。头、腹部褐色，胸部黑褐色。前翅灰褐色，似霉变；翅面中部具深褐色肾形纹，内具1个白斑；外围褐色、水墨状，其基侧具1个黑斑；亚端区具1个黑褐色波浪形曲带。

【习性】成虫具一定的飞行能力和较强的趋光性。

【国内分布】浙江、江苏、江西、山东、湖南、广东、海南、云南、香港、台湾等。

30. 辐秘夜蛾 *Mythimna radiata*（Bremer）

【形态特征】翅展31～34 mm。头部灰黄色至黄色；触角棕黄色。胸部和肩板灰黄，领片棕黄色，腹部灰白色，前翅灰黄色至米黄色，翅脉灰白色，翅脉间散布棕黄色纵纹；基线仅在前缘呈1个黑色小点斑；内横线黑色，由3～5个小点斑组成；外横线由7～10个小点斑组成；外缘线内侧伴衬黑色小点斑列；肾状纹亮黄。后翅前缘淡黄色，其余部分烟褐色，散布金属光泽；外缘线淡黄色，内侧Cu_2前翅脉间伴衬细小黑斑列。

【习性】成虫具较强的趋光性。

【国内分布】浙江、江西、黑龙江、吉林、湖南等。

31. 润研夜蛾 *Aletia subplacida* Sugi

【形态特征】翅展40～48 mm。头、胸黄褐色，腹部褐色。前翅黄褐色，有霉绿感，密布小黑斑；内线黑色、锯齿状，翅脉上有较大黑点；肾纹黄褐色，内外衬以黑斑，肾纹内具1个大黑斑和数个小黑斑；外线为1列黑斑；亚端线黑褐色、波浪形，亚端线在顶角处形成棕色三角斑区，端线为1列黑圆斑。后翅浅黑褐色，横脉处

有褐色带，基部颜色浅。

【习性】白天潜伏于植物或杂草丛，夜间活动，具较强的趋光性。

【国内分布】浙江、安徽、湖北、台湾等。

32. 赭尾歹夜蛾 *Diarsia ruficauda*（Warren）

【形态特征】翅展33~37 mm。头、胸部棕黄色。前翅、触角、领片和肩板棕褐色。腹部棕红色。基线黑褐色双线，双线间棕灰色；内横线黑褐色的波浪形外斜双线，双线间棕灰色，中横线烟黑褐色，外缘线黄色细线；环状纹烟褐色小圆斑，内部灰色，肾状纹为外框黑褐色圆斑；亚缘线区在M_2脉前烟灰色呈块斑，新月纹晕状黄褐色至灰褐点斑，外缘线黄色。

【习性】生活于中、低海拔山区，成虫具一定的趋光性。

【国内分布】江西、黑龙江、江苏、浙江、湖南、福建、云南等。

33. 中影单跗夜蛾 *Hipoepa fractalis*（Guenée）

【形态特征】翅展约22 mm。头、胸部褐色，触角线形，有短鬃毛。前翅褐色，内线黑褐色、深波浪形外弯，中线粗，黑褐色，似带状，肾纹小，黑褐色，亚端线褐白色，内侧衬黑褐色，翅外缘有1列黑褐斑，缘毛褐色。后翅浅褐色，中线褐色，外线褐色，亚端线褐白色，内侧衬褐色，端线黑褐色；腹部褐色。

【习性】生活于中、低海拔山区，成虫具一定的趋光性。

【国内分布】浙江、西藏。

34. 合丝冬夜蛾 *Bombyciella sericea* Draudt

【形态特征】翅展约27 mm。触角灰褐色，线状。头、胸、腹部及前翅白色。前翅基部具中间断裂的黑色宽横带，前缘中部具四边形黑斑，其下方与后缘间具不规则黑斑，前缘顶角前具三角形黑斑，下连波状横线。后翅淡褐色。

【习性】生活于中、低海拔山区，成虫具一定的趋光性。

【国内分布】江苏、浙江、湖南、福建、陕西等。

35. 白点粘夜蛾 *Leucania loreyi*（Duponchel）

【形态特征】翅展约31 mm。头、胸、前翅褐赭色，颈板有两条黑线，前翅翅脉微白，前后衬褐色，翅脉间褐色，亚中褶基部1条黑纹，中室下角具一个白斑，顶角具1条内斜纹，外线为1列黑斑；后翅白色；腹部淡白褐色。

【习性】幼虫白天潜藏于心叶内、未展开的叶基部、叶鞘与茎秆间的缝隙内或苞叶、花丝等隐蔽处，夜间活动，具一定的趋光性。

【国内分布】华中、华东、华南以及西南的四川。

36. 梳灰翅夜蛾 *Spodoptera pecten* Guenee

【形态特征】翅展约31 mm。头部褐色，触角黑色，触角双栉形。颈板中部具黑线，有白环。腹部淡褐色。前翅灰褐色，内线及外线均双线锯齿形，肾纹较黑，亚端线微白，内侧具1列暗纹。后翅白色，端区具褐色。

【习性】成虫趋光性较强。

【国内分布】浙江、台湾、广东等。

37. 斜线关夜蛾 *Artena dotata*（Fabricius）

【形态特征】翅展61 ~ 68 mm。触角丝状，黄褐色或红褐色。头、前翅、胸部棕色，腹部灰棕色。前翅面中央有2个黑圆斑，其与翅基部中间具1个黑棕色斑，外侧具微波浪形横线，直达臀角。后翅黑棕色，中部具1条蓝白弯带，外缘蓝白色，缘毛黄白色。

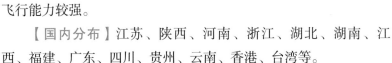

【习性】成虫具一定的趋光性，飞行能力较强。

【国内分布】江苏、陕西、河南、浙江、湖北、湖南、江西、福建、广东、四川、贵州、云南、香港、台湾等。

38. 易点夜蛾 *Condica illecta*（Walker）

【形态特征】翅展26 ~ 38 mm。头、胸及前翅灰褐色，基线、内线黑色波浪形，后者在翅脉具黑斑，剑纹小，环纹中凹，外围白环及黑边，肾纹灰白色褐边，后缘有白点，中线黑褐色波浪形，外线黑褐色，锯齿形，齿尖有黑、白点，亚端线灰白色，内侧具1列黑齿纹；后翅黄白色，翅脉与端区带褐色；腹部褐赭色带黑色。

【习性】生活于中、低海拔山区。成虫具一定的趋光性。

【国内分布】浙江、海南、云南等。

39. 间纹炫夜蛾 *Actinotia intermediata* （Bremer）

【形态特征】翅展26 mm。触角褐色，线状。头、胸部及前翅灰白带浅褐色，腹部灰褐色。翅脉黑色，前、后缘及中室前半带紫褐色，肾形纹后方及2～5脉基部紫棕色，剑纹细长，环纹长扇形，肾形纹大，臀纹外有1颗尖白齿，1条黑纹自顶角至肾形纹，臀角前有1条黑纹。后翅浅褐灰色，端区黑棕色。

【习性】生活于中、低海拔山区。成虫具一定的趋光性。

【国内分布】江苏、江西、陕西、黑龙江、湖北、浙江、福建、湖南、四川、云南、海南、台湾等。

40. 倭委夜蛾 *Athetis stellata* （Moore）

【形态特征】翅展28～34 mm。触角黑褐色，线状。头、胸、腹部褐色。前翅灰褐色，端区暗褐色，横线黑色，基部的横线直，其余的波状；翅面中央近前端具1个小白斑，后方具2个小白斑，白点基侧

具1个小黑斑。后翅灰白色，顶角处深褐色。

【习性】成虫具趋光性，夜间活动。

【国内分布】浙江、江苏、上海、福建、四川、西藏等。

41. 秘夜蛾 *Mythimna* sp.

【形态特征】喙发达；下唇须第2节斜向上伸，前方饰毛；额平滑。胸部毛、鳞混杂；腹部无毛簇。前翅稍宽，外缘较直，顶角较圆。

【习性】成虫具趋光性，夜间活动。

【国内分布】安徽、浙江等。

42. 珠纹夜蛾 *Erythroplusia rutilifrons*（Walker）

【形态特征】翅展23 ~ 24 mm。头部黄灰色；触角灰色。胸部棕灰色至橙灰色，中央色深；领片色深；肩板色淡。腹部棕灰色至橙灰色，各节具小毛簇。前翅棕灰色至橙灰色；基线灰白色；内侧线淡灰白色，外侧线灰白色；内侧线灰白色；亚缘线前缘至Cu_1脉棕黑色锯齿状；外缘线棕褐色，内侧伴衬灰白色；前缘区淡灰白色，环状纹小圆形隐约可见；肾状纹扁圆形；Y状纹由2个银白点斑组成。后翅基半部黄灰色至灰色，外半部灰褐色至褐色。

【习性】成虫具趋光性，夜间活动。

【国内分布】浙江、江西、吉林、山东、台湾等。

43. 疣夜蛾 *Adrapsa ablualis* Walker

【形态特征】翅展29 mm左右。头部及胸部深棕色，颈板端部黄褐色；腹部深棕色。前翅深棕色，前缘区有1条黄褐色纵纹，内线黑色锯齿形达中脉，环纹为1个小白斑；肾纹小，白色，中线粗，外线黑色，外侧衬黄褐，亚端线白色，波浪形弯曲，外缘近顶角有1个淡褐

斑，其外缘毛黑白相间；后翅深棕色，内线黑色，中线白色波浪形，亚端线白色。

【习性】生活于中、低海拔山区。成虫具一定的趋光性。

【国内分布】浙江、云南等。

44. 角斑畸夜蛾 *Bocula bifaria*（Walker）

【形态特征】翅展25～30 mm。触角灰褐色线状。头、胸、腹部灰褐色。前翅灰褐色，翅面中央具3条横线，中间的1条为双线形；端区有1个大黑斑，该黑斑内缘在顶角处窄缩成钝齿状。后翅灰褐色。

【习性】生活于中、低海拔山区。成虫具较强的趋光性。

【国内分布】浙江、江苏等。

45. 红尺夜蛾 *Dierna timandra*（Alpheraky）

【形态特征】翅展20～28 mm。触角线状，暗褐色或黄色。头部白色带桃红色，胸部桃红色，腹部基节背面中央桃红色，其余部分黑灰色。前翅桃红色，具黑色细小斑；基部具黄灰色横纹，纹中央偏白色；前缘端半部区域黄灰色；斜带外侧的横线细，灰

白色。后翅桃红色，具黑色细小斑，近前缘具灰黄色区，中部具灰黄宽带，带纹中央偏白色，其内外两侧各具灰黄色横线。

【习性】成虫具趋光性，白天潜伏于树冠阴处和建筑物等处，夜间活动。

【国内分布】江苏、北京、江西、黑龙江、吉林、河北、河南、浙江、湖南等。

46. 日月明夜蛾 *Sphragifera biplagiata*（Walker）

【形态特征】翅展27～29 mm。触角淡褐色，线状。头部及胸部白色，腹部背面淡褐色。前翅白色，后半部及近臀角区土灰色，翅前缘脉近翅基处有1个褐斑，中部有1个赤褐斜斑直达中室下角翅中，近顶角处

有1个赤褐色近圆形大斑，翅面中央具1个黑褐色具白边呈"8"字形斑，其外侧有1个模糊的黑褐斑，近外缘处有1列内侧衬白的黑长斑。后翅淡褐色。

【习性】成虫白天静伏于隐蔽处，夜间活动，趋光性强。

【国内分布】江苏、江西、吉林、辽宁、陕西、甘肃、河北、河南、湖北、湖南、浙江、福建、贵州、台湾等。

47. 曲线贫夜蛾 *Simplicia niphona* Butler

【形态特征】翅展33～38 mm。头部棕色至灰棕色；胸、腹部

灰色。前翅深灰色至灰色；内
横线褐色；外横线褐色，波浪
形；亚缘线黄白色内斜直线，
内侧伴衬褐色；环状纹呈1个
黑褐色点斑；肾状纹褐色月牙
形；外缘线由翅脉端褐点斑列
组成。后翅亚缘线黄白色。

【习性】生活于中、低海拔山区，成虫具较强的趋光性。

【国内分布】江西、内蒙古、河北、浙江、湖南、福建、海
南、广西、云南、西藏、台湾等。

48. 白线尖须夜蛾 *Bleptina albolinealis* Leech

【形态特征】翅展24～
30 mm。触角黄褐色与红褐色
相间。头部深褐色，腹部褐
色。前翅棕褐色，具3条白斜横
线，基部前缘区具1条淡色纵
纹，外缘具1列黑色三角形斑。
后翅灰棕色，中央具1个黑斑，
其外侧具1条黑横带，外缘具1
列黑斑。

【习性】生活于中、低
海拔山区，成虫具较强的趋
光性。

【国内分布】浙江、江苏、湖南、江西、福建、广东、广
西、四川等。

49. 毛尖裙夜蛾 *Crithote prominens* Leech

【形态特征】翅展30 mm。头、胸部暗灰褐色，额具毛簇；前翅暗灰褐色，前缘区2/3灰色带紫色，成1条纵长纹，中室后半之后黑褐色。后翅暗灰褐色；腹部褐灰色。

【习性】成虫飞翔力较弱，昼伏夜出，有趋光性。

【国内分布】浙江、湖北、湖南、海南、广东等。

50. 清绢夜蛾 *Rivula aequalis*（Scopoli）

【形态特征】翅展23 mm。触角灰褐色，线状。体灰褐色。前翅灰褐色，散布小黑斑，前缘具窄黑边，翅中部、外侧具数个小黑斑，亚端部及翅外缘具成列的小黑斑。后翅灰褐色，外缘具数个小黑斑。

【习性】成虫具趋光性。

【国内分布】浙江、江苏、台湾等。

51. 枥长须夜蛾 *Herminia grisealis*（Denis & Schiffermuller）

【形态特征】翅展20～21 mm。触角黑褐色，雄蛾触角双栉状，雌蛾则线状。体、前翅灰褐色。前翅内线黑棕色，直；中

线棕色；外线棕色，大波形，前半部向外，后半部向内弧凹；亚端线较粗，黑棕色，中后部直，两翅中央平两侧呈平圆弧形。后翅灰褐色。

【习性】成虫具趋光性。

【国内分布】浙江、江苏、江西、内蒙古、四川、云南、台湾等。

五、天蛾科 Sphingidae

1. 白薯天蛾 *Agrius convolvuli*（Linnaeus）

【形态特征】翅展4.5~5 cm。头灰色，触角顶区有1条黑褐色中带，胸部灰色，肩板被1条黑色纵线分成两部分，黑线内侧暗褐色，黑线外侧灰色，腹部背面中央灰褐色，间杂白色鳞片，各体节两侧具红色和黑色带，腹部腹面灰色。前翅灰褐色，内线双股，黑色，锯齿形；外线双股较细，尖锐锯齿状；横脉纹肾形，灰色；M_3翅脉端部有1个矩形暗褐斑；顶角具1条黑斜纹，内侧衬以白云状纹。后翅灰褐色，自基部至外缘有4条黑横带。前、后翅缘毛灰褐色，间杂白色。

【习性】黄昏时较活跃，有趋光性。幼虫嗜食番薯属植物。成虫吸食漏斗状花植物的花蜜。

【国内分布】山西、北京、河北、河南、山东、安徽、浙江、广东、台湾等。

2. 松黑天蛾 *Sphinx caligineus sinicus* Rothschild et Jordan

【形态特征】翅展64~74 mm。体翅灰褐色，颈片及肩片呈深

褐色；腹部背线及两侧有深褐色纵带。前翅中室附近具5条黑褐色斜条纹，顶角下方具1条黑斜纹。后翅深褐色，缘毛灰白色。

【习性】成虫夜间活跃，具很强的趋光性和飞翔力。

【国内分布】陕西、黑龙江、北京、天津、河北、山东、上海、江苏、安徽、浙江、湖北、湖南、广东、四川、云南等。

3. 构月天蛾 *Parum colligata*（Walker）

【形态特征】翅展65～80 mm。体翅褐绿色；胸部背板及肩板棕褐色；前翅亚基线灰褐色，内横线与外横线之间呈较宽的茶褐色横带；中室末端有1个小白斑，外横线暗紫色，顶角有新月形暗紫斑，四周白色；顶角至后角间有弓形白带。后翅浓绿色，外横线色浅，后角有1个棕褐色月牙斑。

【习性】老熟幼虫结土茧化蛹。成虫夜间羽化，可短距离飞行，吸食花蜜；白天栖息于植物叶背。

【国内分布】浙江、吉林、辽宁、河北、北京、河南、山东、安徽、湖南、广

东、海南、广西、贵州、四川、台湾等。

4. 大背天蛾 *Meganoton analis*（Felder）

【形态特征】翅展 115 ~ 118 mm。头灰褐色，胸背发达，肩板外缘有较粗的黑色纵线，后缘具1对黑斑；腹部背线褐色，两侧有较宽的赭褐色纵带及断续的白带；胸、腹部的腹面白色；前翅赭褐色，密布灰白斑；中线赭黑色，外线不连续，外缘白色，顶角斜线前有近三角形赭黑色斑，在M脉的近顶端具椭圆形斑，中室具1个白斑，并具较宽的赭黑斜线1条；后翅赭黄，近后角有分开的赭黑色斑。

【习性】白天静伏在隐蔽处，即使强行驱动，也很少起飞。夜间具强趋光性和强飞行能力。

【国内分布】安徽、浙江、江西、福建、广东、海南、四川、云南等。

5. 斜纹天蛾 *Theretra clotho*（Drury）

【形态特征】翅展 75 ~ 85 mm。体翅灰黄色；胸部背线棕色，腹部第3节两侧具1个黑斑，第6 ~ 8节背中央具棕褐斑，尾端具白毛丛。前翅基部具有黑斑，自顶角至后缘有棕褐色斜纹3条，外缘深灰黄色，中室端后翅棕黑色，前缘及后

缘棕黄色。

【习性】白天静伏在隐蔽处，即使强行驱动，也很少起飞。夜间具显著的趋光性和很强的飞行能力。

【国内分布】浙江、云南、华中、华南、台湾等。

6. 灰天蛾 *Acosmerycoides leucocraspis* Hampson

【形态特征】翅展90～95 mm，体翅灰褐色。触角污黄色，翅基片灰褐色，外缘白色。前翅内线及中线灰黑色，外线灰黑锯齿形，端线灰黑，顶角有灰黑色三角形斑。后翅灰褐色，横带色较深。翅腹面灰红色，外线及中线灰褐色，沿翅脉成尖齿斑。

【习性】成虫具强趋光性，飞行能力强。

【国内分布】浙江、江西、湖南、海南、广东等。

7. 洋槐天蛾 *Clanis deucalion* Walker

【形态特征】翅展145～146 mm，触角背面赭红色，腹面棕黑色；胸部背面赭黄；头及胸部背线棕黑色；腹部背面赭褐色，具深色的细背线。前翅赭黄色，具浅色半圆形斑，内线、中线及外线呈棕黑色波状纹，顶角前上方成赭色三角形斑，后角具粉白鳞毛，中室具暗褐圆斑；后翅中部棕黑色，前缘及内缘黄色；前、后翅腹面黄褐色，具波

状横带，中室端部具黑斑。

8. 圆斑鹰翅天蛾 *Ambulyx semiplacida*

【形态特征】翅展50～55 mm。前翅褐色，基部具1条黑色纵带，内具1小白斑，近基部具3个黑斑，靠近后缘的黑斑大、圆且贴近后缘，顶角至臀角的横带上缘具黄色。

【习性】成虫具明显趋光性。

【分布】浙江、河北、辽宁、山西、陕西、山东、河南、湖北、江苏、福建等。

六、尺蛾科 **Geometridae**

1. 花边灰姬尺蛾 *Scopula propinquaria*（Leech）

【形态特征】翅展20～24 mm。触角丝状。体白灰色。前翅端室外缘具1个小黑斑，中线淡黄褐色微波曲，后中线土褐色，外缘具土褐色晕，其间亚外缘段具白带，臀角附近具暗黑晕斑。

【习性】成虫具有趋光性，具一定的飞行能力。生活于中海拔山区。

【国内分布】浙江、台湾。

2. 原雕尺蛾 *Protoboarmia simpliciaria*（Leech）

【形态特征】翅展15～20 mm。翅黑褐色，纵脉清晰，前翅横脉黑色，外线波状细，亚端线于纵脉间具灰白色波状纹。后翅斑纹似前翅。

【习性】成虫飞行力强，飞行似蝴蝶。生活于中海拔山区凉爽的潮湿生境。

【国内分布】浙江、台湾。

3. 木橑尺蛾 *Biston panterinaria* Bremer & Grey

【形态特征】翅展55～65 mm。翅底白色，具灰色和橙色斑，前、后翅的外线具1列橙色和深褐色圆斑。前翅基部具1个橙色大圆斑。

【习性】成虫夜间羽化，趋光性强，白天静伏于树干、树叶、杂草等处。幼虫孵化后即迅速分散，受惊吐丝下垂。

【国内分布】全国各地。

4. 绿翅茶斑尺蛾 *Tanaoctenia haliaria*

【形态特征】翅展30～50 mm。翅面绿色，前后翅各具1条白横带，停栖时两翅相连。前翅的褐斑较大。后翅具2个紧邻的褐斑。雄蛾前翅前缘及后缘的边线为褐色，雌蛾为白绿色。

【习性】生活于低、中海

拔山区。

【国内分布】浙江、西藏。

5. 玻璃尺蛾 *Krananda semihyalinata* Moore

【形态特征】翅展39～41 mm。体灰褐色，领片后缘暗褐色。前翅灰褐色，翅基部至外线区透明；内线基半段具黑色波纹状；中线在近翅后缘端具2个黑斑；横脉纹为白色月牙形，中央褐色；外线白色，大波浪形；亚端线褐色；端线为1个褐色波纹状细线。前翅外缘具波纹状缺刻，在顶角下端凹入。后翅黄褐色，外线至基部区透明，外缘区色浅，并有斑驳透明区，端线为1条黑色细线。

【习性】生活于低、中海拔山区。成长具趋光性和一定的飞行能力。

【国内分布】浙江、安徽、四川等。

6. 襟霜尺蛾 *Cleora fraterna*（Moore）

【形态特征】翅展46～50 mm。翅面白色，散布深灰色碎纹。前翅内线黑色，锯齿状，内侧具深灰褐色宽带；外线黑色，锯齿状。外侧具深灰褐色宽带；内线内侧和外线外侧宽带上有红褐斑；亚缘线白色，锯齿状；亚缘线内侧和外侧具深灰带，外侧带在各脉上具褐斑；顶角下方和外缘内侧具白斑。后翅基部具黑鳞片。

【习性】生活于低、中海拔山区。成长具趋光性和较强的飞行能力。

【国内分布】福建、青海、浙江、江西、台湾、广东、海南、香港、广西、四川、云南、西藏等。

7. 云辉尺蛾 *Luxiaria amasa*（Butler）

【形态特征】翅展41～45 mm。翅面黄褐色，斑纹深褐色。内、中线和外线在前缘处形成  3个大斑；外线弧形，在各脉上呈点状，其外侧至外缘为深褐色宽带；亚缘线锯齿形，间断。后翅外缘锯齿形；基部具1个小黑斑；外线外侧的深色宽带较前翅宽；亚缘线连续。

【习性】生活于低、中海拔山区。成长具趋光性和较强的飞行能力。

【国内分布】福建、陕西、甘肃、浙江、湖北、江西、湖南、台湾、广东、海南、香港、广西、四川、云南、西藏等。

8. 凸翅小盅尺蛾 *Microcalicha melanosticta* Hampson

【形态特征】翅展28～37 mm。后翅外缘波曲，中部凸出1个尖角；翅面黄褐色散布褐鳞，线纹黑色；在前缘和后缘显深褐色斑，亚缘线的斑纹更加粗壮；  臀角处具1个深褐色大斑；缘线短条状。后翅外线至中线间具黑宽带，上端延伸至顶角；亚缘线在近前缘处较粗壮。

【习性】成虫主要在夜间

羽化，白天双翅平放静伏，夜间活动。

【国内分布】河北、北京、陕西、甘肃、山东、浙江、福建、台湾、河南、湖北、湖南、华南、四川等。

9. 尼泊尔璃尺蛾 *Krananda nepalensis* Yazaki

【形态特征】触角枯黄色。胸部灰绿色，中胸背板后缘具黑褐色细横纹。腹部浅灰绿色，第1腹板基部具黑褐色细横纹。前翅顶角呈钩状，外缘浅波形。两翅棕绿色，散布有灰色碎纹，外线以内色浅，半透明状，外线外侧为深色宽带，前翅顶角处有近方形浅色斑块。前翅基部灰棕色，散布许多黑碎纹。前翅外凸呈角状，在中室内不连续；内线黑色，外凸呈角状；外线棕绿色，波形，外侧Cu脉间具黑色圆斑；缘线墨绿色，连续；缘毛墨绿色，混杂有污白色；中点灰绿色。后翅基线黑色；中线灰绿色，在中室内不连续；外线波形，内侧前缘和Rs上具1个黑斑；缘线灰绿色，连续；缘毛灰白。

【习性】成虫主要在夜间羽化，白天双翅平放静伏，夜间活动。

【国内分布】浙江、贵州、四川等。

10. 对白尺蛾 *Asthena undulata*（Wileman）

【形态特征】翅展24～29 mm。翅白色。前翅亚基线、内线和中线污黄色，均深弧形；外线黑褐色；外线外侧伴随1条深色带，上半段黄褐色，在M与CuA_1处形成1对黑斑。顶角内侧灰黄褐色，并扩展至外线；

亚缘线为翅脉间3列短条状灰黄褐斑。后翅具污黄色中线，端部有2～3条污黄色线。

【国内分布】福建、上海、浙江、湖北、江西、湖南、台湾、广东、海南、广西、四川等。

11. 小用克尺蛾 *Jankowskia fuscaria*（Leech）

【形态特征】头、胸部暗褐色，腹部黄褐色，各节后缘暗褐色。前翅灰褐色，内线双股，黑色，后沿中室下缘急剧向内折，外折向翅前缘；中线黑色，大波浪形；中点为黑色短细带；外线黑色，在M_1与M_2脉间外凸，M_2脉之后向内凹，基半部与中线极接近且平行，外线外侧至翅外缘间区域黄褐色。后翅灰褐色，基部色浅；中线黑色，外线黑色，基半部为暗带，端半部为碎斑列，外线至翅外缘区域黄褐色；亚端线、端线似前翅。

【习性】多生活于中、低海拔山区。成虫多在晚上羽化，具趋光性。初孵幼虫将卵壳全部食尽。

【国内分布】甘肃、陕西、河南、安徽、浙江、江西、福建、湖北、湖南、广东、海南、广西、四川、重庆、贵州、云南等。

12. 斜双线尺蛾 *Calletaera obliquata*（Moore）

【形态特征】翅展42～46 mm。翅黄白色，斑纹浅黄褐色。前翅顶角尖，外缘和后缘平直；内线、中线和外线为3条相互平行且向内倾斜的直线；外线由顶角向下延伸至后缘中部，在M_1以下展宽为带状，其内缘具

1条锯齿状细线；亚缘线为双线；缘线在翅脉端呈黑点状；缘毛黄白色。后翅外缘在M₁处凸出1个小尖角，其上方具2个浅波曲纹。

【习性】多生活于中、低海拔山区。成虫多在晚上羽化，具趋光性。初孵幼虫将卵壳全部食尽。

【国内分布】福建、江西、广东、海南、广西、四川、云南、西藏等。

13. 鹿尺蛾 *Alcis* sp.

【形态特征】翅展35～48 mm。雄蛾触角双栉形。前翅顶角圆，外缘弧形；后翅圆。前翅基部具泡窝；R₁和R₂分离；外线在中室处向外凸出。

【习性】成虫夜间活动，具趋光性和较强的飞行能力。

【国内分布】古北界、东洋界、新热带界。

14. 贡尺蛾 *Gonodontis aurata* Prout

【形态特征】翅展56～60 mm，土黄色，前翅外缘锯齿形，共3齿；具显著外线，灰黄两色，中室具1个灰圆斑，中空；后翅淡黄色，外线浅灰色；翅腹面浅灰色，斑纹同正面。

【习性】成虫夜间活动，具较强的趋光性。幼虫初孵即分散取食，拟态性强。

【国内分布】浙江、北京、天津、四川等。

15. 四点蚀尺蛾 *Hypochrosis rufescens*（Butler）

【形态特征】翅展32～41 mm。前翅外缘直，臀角具缺刻。翅面灰黄色，端部色深；前缘散布灰黑色斑，具2个三角形黑斑，将前翅前缘三等分；内线橙黄色，平直，由中室下缘向外倾斜；外线橙黄色，平直，由R_5脉向内倾斜。后翅外线弧形。前后翅缘线灰黄色。

【习性】成虫夜间活动，具一定的趋光性和拟态性。

【国内分布】福建、上海、浙江、江西、湖南、台湾、广东、海南、广西、四川、云南、西藏等。

16. 黄玫隐尺蛾 *Heterolocha subroseata* Warren

【形态特征】展翅33～42 mm。翅面黄色，前翅前缘、外缘、翅及后翅面散布灰褐色斑。前翅前缘近基部具1个黑褐斑；顶角具卵圆形灰褐色斑，边缘黑褐色；内线黄褐色；中点卵圆形，中空。后翅基部斑密集；外线褐色条带。缘毛黄色。

【习性】成虫夜间活动，具趋光性。幼虫具拟态性。

【国内分布】福建、陕西、甘肃、浙江、湖北、江西、湖南、四川、云南等。

17. 宏方尺蛾 *Chorodna creataria*（Guenée）

【形态特征】翅展73～84 mm。前翅外缘浅弧形；后翅外缘锯齿形。翅面深褐色，密布黑色碎纹。前翅中点黑色；外线黑色，锯齿形，在M脉间向外凸出，M_3和CuA_1间具1个白斑；缘线黑色，短条状。后翅中线

黑色，平直；亚缘线内侧黑色线粗壮。缘毛深褐色掺杂黑色。翅腹面灰褐色，端部黑褐色，密布黑褐色碎纹；前、后翅顶角和M_3下方各具1白斑。

【习性】生活于中、低海拔山区。成虫具一定的趋光性。

【国内分布】福建、浙江、湖北、湖南、台湾、海南、香港、广西、四川、云南、西藏等。

18. 隐折线尺蛾 *Ecliptopera haplocrossa*（**Prout**）

【形态特征】翅展34～40 mm。前翅基部黑褐色，具2条波状黑线；内线为1条灰黄至灰绿色带，两侧波曲，中域为宽阔黑褐色带，具小黑斑和2条波状黑线；外线波状，中部稍外凸，其外侧灰黄绿色，具1条纤细深色伴线；顶角下具1个三角形黑斑。后翅灰褐色，亦具小黑斑。

【习性】生活于中、低海拔山区。成虫具较强的趋光性。

【国内分布】浙江、福建、湖南、四川等。

19. 昌尾尺蛾 *Ourapteryx changi*

【形态特征】翅展47～53 mm。额和下唇须灰黄褐色。头顶、体背和翅白色。前翅顶角凸，外缘直。后翅尾角尖长。前翅前缘

碎纹黑色，翅面碎纹灰黄色；前翅内线和外线细，灰黄色，中点纤细。后翅中部斜线灰色；尾角内侧有黑灰色阴影，M_3脉上方具1个红斑，周围具黑圈，M_3脉下方具1个黑斑；前翅缘毛灰黄褐色，后翅缘毛红褐色。

【习性】生活于低中海拔山区。

【国内分布】浙江、湖南、湖北、台湾等。

20. 刮纹玉臂尺蛾 *Xandrames latiferaria* Walker

【形态特征】翅展50~55 mm，黑褐色。翅黑褐色，前、后翅近半部具平行、规律性的刮纹，前翅中部具1条白色宽带，从前缘斜向臀角；近顶角具1个白斑。后翅外缘具白斑。

【习性】生活于低、中海拔山区，栖息数量较少。成虫具显著的趋光性。

【国内分布】浙江。

21. 乌涤尺蛾 *Dysstroma tenebricosa* Heydemann

【形态特征】翅展37~40 mm，深灰褐色。中后胸背面具发达的灰黑色立毛簇。前翅黑褐色；外线中部外凸；亚缘线灰色波状。缘线灰黑色；缘毛黑灰至黑褐色。后翅灰色；

后缘近臀角处具亚缘线。

【习性】生活于低、中海拔山区。

【国内分布】浙江、西藏。

七、毒蛾科 Lymantriidae

1. 戟盗毒蛾 *Porthesia kurosawai*（Leech）

【形态特征】翅展22 ~ 33 mm。头橙黄色，胸灰棕色，腹部灰棕色带黄色。前翅赤褐色布黑色鳞片，前缘和外缘黄色，赤褐色部分外缘带具银白斑，近翅顶具1个银棕色小斑，内线黄色。

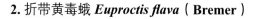

【习性】幼虫咬食叶片，成虫趋光性强。

【国内分布】福建、台湾、广西、四川、湖北、江西、辽宁、浙江等。

2. 折带黄毒蛾 *Euproctis flava*（Bremer）

【形态特征】翅展25 ~ 42 mm。前翅黄色，内、外线浅黄色，从前缘外斜至中室后缘，两线间布棕褐色鳞，形成折带。翅顶区有两个棕褐色圆斑。后翅黄色。

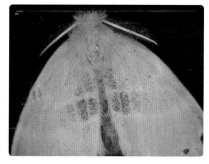

【习性】初孵幼虫集中在卵块附近取食；随着龄期增大，惊扰时吐丝下垂转移，假死性明显。成虫在夜间羽化，具较强的趋光性；白天多静伏

于叶背或草丛。

【国内分布】河北，山西，内蒙古，辽宁，吉林，黑龙江，江苏，浙江，安徽，福建，江西，山东，河南，湖北，湖南，广东，广西，四川，贵州，云南，陕西，甘肃。

3. 肾毒蛾 *Cifuna locuples*（Walker）

【形态特征】翅展30～50 mm。腹部褐黄色，后胸和第2～3腹节背面各有1簇黑色短毛。前翅内区后半部及前缘区外半部黄褐色，其他褐色。内线为1条褐色宽带，内衬白线；横脉纹肾形，深褐色边；外线、亚缘线、缘线深褐色；缘线衬白色，在臀角处内突；缘毛深褐色与褐黄色相间。

【习性】成虫具较强的趋光性，生活于中、低海拔山区。

【国内分布】河北、陕西、宁夏、甘肃、青海、河南、湖南、湖北、广东、广西等。

4. 点足毒蛾 *Redoa* sp.

【形态特征】翅展32～42 mm。前翅具径副室，窄长，Cu_1脉从中室下角下方分出，Cu_2脉从中室后缘分出。后翅中室长约为翅长1/2，Cu_1脉接近中室下角分出，Cu_2脉从中室后缘分出。

【习性】成虫具较强的趋光性，生活于中、低海拔山区。

【国内分布】浙江。

5. 豆盗毒蛾 *Porthesia piperita*（Oberthür）

【形态特征】翅展25～35 mm。体和前翅柠檬黄色，从基部到亚外缘有1个不规则形棕色大斑，其上散布黑褐色鳞，翅顶有2个棕色小斑，后缘中央有黑色长毛。后翅浅黄色。

【习性】成虫夜间活动，具趋光性；产卵表面被黄毛。初孵幼虫聚集于叶片取食叶肉，随龄期增大，分散为害。

【国内分布】浙江、河北、黑龙江、浙江、江西、福建、广东、四川等。

6. 直角点足毒蛾 *Redoa anserella*（Collenette）

【形态特征】翅展29～43 mm。体白色，额部有2个黄褐斑，

触角间具暗褐带。前翅白色，外缘呈弧形，顶角尖，臀角圆，布丝样鳞片，横脉中央具1个黑斑。后翅白色。

【习性】成虫多在傍晚及夜里羽化，羽化前，倒挂在叶背面的蛹剧烈抖动。白天静伏于叶片，夜间活动，具趋光性。

【国内分布】浙江、福建、湖南、贵州等。

7. 鹅点足毒蛾 *Redoa anser* Collenette

【形态特征】翅展44～50 mm。体白色，头部具黑斑。前、后翅白色，半透明，前翅横脉中央具1个黑褐斑，前翅基部和前缘带

棕黄色。

【习性】多生活于中、低海拔山区。成虫具趋光性和一定的飞行力。

【国内分布】浙江、江西、湖南、湖北、四川、陕西等。

8. 茶茸毒蛾 *Dasychira baibarana* Matsumura

【形态特征】翅展28～38 mm。体和前翅栗色；前翅稀布黑色鳞，内区黑褐色，中区铅灰色，内线黑色，锯齿形，横脉纹栗色，有黑褐色和黄色边，横脉纹前方黄色，外线黑色，锯齿形，亚端线浅褐色，前端内侧黑褐色，外线与亚端线间带黄色和黑褐色，外区具黑褐色纵纹，翅顶角具1个铅灰色斑，缘毛栗色具黑褐色斑。后翅灰褐色，横脉纹与外线色暗，端线栗色。

【习性】生活于中、低海拔山区。成虫昼伏夜出，白天静伏于茶丛，受惊可短距离飞行，具趋光性。幼虫具假死性，受惊后蜷缩坠落。

【国内分布】安徽、浙江、台湾、贵州、福建、云南、广西等。

9. 黄羽毒蛾 *Pida strigipennis*（Moore）

【形态特征】翅展40～55 mm。头、前胸和翅基片赤褐色带黑褐色鳞。中胸和后胸黄白色，后胸背面有黑色毛；腹部橙黄色，背面有1条黑褐色纵带。前翅黄色，密布黑色短纹，前缘中部形成1个黄色半圆形区，横脉纹为1个黑斑。后翅黄色。

【习性】初孵幼虫群聚叶背啃食叶肉，具吐丝下垂习性，随着龄期增加，分散取食；受惊具假死性。成虫具较强的趋光性。

【国内分布】江苏、浙江、安徽、江西、台湾、湖北、四川、云南、西藏等。

10. 台湾黄毒蛾 *Porthesia taiwana* Shiraki

【形态特征】翅展20～35 mm。前翅黄色或黄褐色，翅面中央具2条灰白色的横带呈手肘状弯曲，两线平行，后翅黄白色。

【习性】初孵幼虫群聚叶背啃食叶肉，具吐丝下垂习性。成虫具较强的趋光性。

【国内分布】浙江、台湾。

11. 皎星黄毒蛾 *Euproctis bimaculata* Walker

【形态特征】翅展36～48 mm。头、胸部浅黄色，腹部浅褐黄色。前翅白色微带浅黄色，横脉具1个黑褐斑。后翅黄白色。

【习性】幼虫体色与寄生树皮颜色近似，不久留于叶片，喜群聚树干。成虫白天均静伏于隐蔽处。

【国内分布】浙江、江苏、台湾、江西、湖北、四川等。

八、灰蝶科 Lycaenidae

亮灰蝶 *Lampides boeticus*（Linnaeus）

【形态特征】翅展22～36 mm。雄蝶翅面紫褐色，前翅外缘褐色。翅反面灰白色，具许多波纹状，在中部有2条波纹，后翅近外缘具1条宽白带；臀角处有2个黑斑，黑斑内下方具绿色鳞片。

【习性】生活于中、低海拔山区。成虫飞行能力强，喜阳光充足、开阔的生境，例如较稀疏的林地、稻田等。

【国内分布】浙江、陕西、云南、四川、江西、福建等。

九、弄蝶科 Hesperiidae

直纹稻弄蝶 *Parnara guttata* Bremer

【形态特征】翅展28～40 mm。翅背面褐色，翅腹面黄褐色，翅面的斑点呈白色半透明状，前翅具6～8个斑点，呈弧状排列，后翅中部具4个排列成直线的斑点。全翅背面和腹面的斑纹基本一致。

【习性】幼虫吐丝缀叶成苞，具咬断叶苞坠落、随苞漂流或再择主结苞的习性。成虫夜伏昼出，嗜食花蜜补充营养。

【国内分布】除新疆等西北干旱地区外全国广布。

十、枯叶蛾科 　Lasiocampidae

1. 松小毛虫 *Cosmotriche inexperta*（Leech）

【形态特征】翅展34～42 mm。触角黄褐色，头、胸、前翅灰褐色，前胸和中胸中部被红棕色和灰白色相间的鳞毛；后胸被黑褐色鳞毛，腹被棕褐色鳞毛，翅基和胸背两侧被银灰色鳞毛。前翅下部呈黑褐色斑；内、外侧镶灰白色纹，亚外缘斑列为上端色深、下端模糊的线纹，中室端灰白，前翅外半部灰白色。后翅暗褐色，前半部具深色斑；全翅缘毛褐色和白色相间。

【习性】初孵幼虫有啃食卵壳的习性。幼虫喜食老叶，从上向下啃食叶缘。成虫白天羽化，潜伏于灌木、杂草等的叶背。雄虫具趋光性，雌虫无趋光性。

【国内分布】浙江、江西、福建等。

2. 马尾松毛虫 *Dendrolimus punctatus* Walker

【形态特征】翅展3.8～8 cm。头、胸部灰褐色、黄褐色至深褐色，腹部黄褐色至深褐色。前翅颜色多变，色型A前翅亚端线斑列黑褐色，其内侧赭灰色，外侧灰褐色，中线及外线浅褐色，双股，中室端白点显著，后翅黄褐色；色型B前翅黄褐色，亚端线斑列黑褐色，其内侧和外侧颜色无显著差异，中线及外线浅褐色，双股，中室端白点显著。后翅黄褐色。

【习性】成虫具趋光性，喜飞向生长良好的松林。初孵幼虫取食卵壳，之后聚集取食针叶；能吐丝下坠，借助风力转移。

【国内分布】陕西、河南、安徽、江苏、浙江、湖北、湖南、江西、福建、台湾、广东、海南、广西、贵州、四川等。

3. 二顶斑枯叶蛾 *Odontocraspis hasora* Swinhoe

【形态特征】翅展42～46 mm。体翅污褐色；前翅顶角区具2个银白斑，具金属光泽，似透明状，外缘齿状外突，中室具白色斑，其上具橘黄色散点长斑。

【习性】成虫具极强的拟态现象，具趋光性。

【国内分布】浙江、江西、福建、云南等。

4. 栎黄枯叶蛾 *Trabala vishnou*

【形态特征】翅展44～54 mm，头黄褐色。触角短双栉齿状。胸背部黄色。前翅内、外横线间鲜黄色，中室处有1个近三角形的小褐斑，后缘和自基线到亚外缘间又有1个近四边形的黑褐色大斑；亚外缘线处有1条由8～9个黑褐色小斑组成的波状横纹。后翅灰黄色。

【习性】初孵幼虫群集取食卵壳，经24 h即开始取食叶肉，1～3龄有群集性，食量大，受惊吓后吐丝下垂。

【国内分布】浙江、河南、陕西、四川等。

5. 黄山松毛虫 *Dendrolimus marmorayus* Tsai et Hou

【形态特征】翅展65～96 mm。体翅棕褐色，触角灰褐色，胸背毛鳞棕色；前翅中室端具白斑，灰白色与黑褐色横线各3条。后翅外半部呈污褐色。

【习性】成长在黄昏及晴朗的夜晚活动。幼虫取食黄山松针叶。

【国内分布】浙江。

6. 思茅松毛虫 *Dendrolimus kikuchii* Matsumura

【形态特征】翅展53～88 mm。体翅黄褐、红褐、赭色，触角黑褐色。前翅中室具白斑，中、外线锯齿状双重，黑褐色亚外缘斑列内侧衬黄色斑，顶角具3个斑。后翅中间呈深色弧形带。雌蛾中室端白斑至外线间具楔形褐色纹；雄蛾中室白斑至翅基间具1个淡黄色肾形斑。

【习性】成虫傍晚羽化，夜间活动，具一定的趋光性；白天静伏于隐蔽场所。

【国内分布】云南、四川、广东、广西、湖南、江西、浙江、福建、台湾、安徽、湖北等。

十一、潜蛾科　Lyonetiidae

桃潜叶蛾 *Lyonetia clerkella* Linnaeus

【形态特征】翅展8 mm。体银白色。触角长于身体，基部形成"眼罩"，银白色带褐色。前翅白色，有长缘毛，中室端部具

1个椭圆形黄褐斑，前、后缘的2条黑色斜纹汇合于末端，外侧具1个三角形黄褐斑，前缘毛在斑前形成3条黑褐线，端斑的后面有黑色端缘毛，并有长缘毛形成2条黑线，斑的端部缘毛上有1个黑圆斑及1撮黑色尖的毛丛。后翅灰色，缘毛长。

【习性】成虫具有趋光性。生活于中、低海拔山区。

【国内分布】东北、华北、华东、西北、华中、西南、台湾等。

十二、蚕蛾科　Bombycidae

野桑蚕 *Bombyx mandarina* Leech

【形态特征】翅展34～45 mm。体、翅灰褐色至暗褐色。触角灰褐色，双栉形，内外侧栉接近等长。前翅顶角外凸，顶端钝，下方至M脉间有内凹的月牙形槽；内

线、外线深褐色，各由2条细线组成，亚缘线深褐色，顶角内侧至外缘间中部有较大的深褐斑；中室端有肾形纹。后翅内线及中线褐色，较细，中间呈深色横带，缘毛褐色，后缘中央有1个半月形黑褐斑，斑的外围白色。

【习性】成虫白天羽化，易飞。幼虫喜食桑叶、构树叶。

【国内分布】陕西、黑龙江、吉林、辽宁、内蒙古、河北、山西、山东、河南、甘肃、江苏、安徽、湖北、江西、湖南、台湾、广东、广西、四川、云南、西藏等。

十三、大蚕蛾科 Saturniidae

长尾大蚕蛾 *Actias dubernardi*

【形态特征】翅展65～88 mm。雄蛾体橘红色，翅杏黄色；雌蛾体青白色，翅粉绿色。触角黄褐色，前胸前缘紫红色，肩板后缘淡黄色。前翅粉绿色，外缘黄色；中室有1个眼纹，中央粉红色，内侧有较宽的波形黑纹，间杂有白色鳞毛，外侧有黄褐色轮廓。后翅后角有1对尾突，细长，飘带状，粉红色，近端部黄绿色，外缘黄色。

【习性】以蛹在茧内越冬。具显著趋光性。

【分布】浙江、湖北、湖南、福建、贵州、广西、广东、云南等。

十四、舟蛾科 Notodontidae

1. 安拟皮舟蛾 *Mimopydna anaemica* Leech

【形态特征】翅展52～70 mm。雄蛾触角黄褐色双栉齿状，雌蛾触角黄色丝状。头顶、前胸背面灰白带褐色；腹部背面黄褐色。前翅淡黄色，散布不规则黑色短纵纹，亚端部具与翅外缘平行2列小黑斑。后翅暗褐色，前缘淡黄色，缘毛色较底色浅。

【习性】成虫具有趋光性。生活于中、低海拔山区。

【国内分布】江苏、上海、浙江、福建、江西、湖南、湖北、四川、云南等。

2. 栎纷舟蛾 *Fentoniao cypete*（Bremer）

【形态特征】翅展44~52 mm。头和胸背暗褐掺有灰白色，腹背灰黄褐色。前翅暗灰褐，内外线双道黑色，内线以内的亚中褶上有1条黑色或带暗红褐色纵纹，外线外衬灰白边，横脉纹为1个苍褐色圆斑，横脉纹与外线间有1个黑色椭圆形斑。后翅苍灰褐色。

【习性】成虫具很强的趋光性，拟态性强；生活于草丛、树林间和栎树上。幼虫取食栎树的叶片、嫩枝、花芽和花序。

【国内分布】黑龙江、吉林、辽宁、河北、浙江、江西、湖南、陕西、湖北、福建、四川、云南等。

3. 梭舟蛾 *Netria viridescens* Walker

【形态特征】翅展75~86 mm。体灰褐色，头顶、颈板、足、翅基片、胸背后缘和腹部末端带绿色；前翅灰褐带绿色，所有横线褐至黑褐色，基线双道，从前缘到中室下缘呈双齿形，内外线之间暗褐色，亚端线细，波浪形。后翅灰褐色，基部色较淡。

【习性】幼虫静止时靠腹足固着，头尾翘起；受惊时不断摆动，形如龙舟荡漾。成虫具较强的趋光性。

【国内分布】浙江、江西、福建、台湾、广西、广东等。

4. 竹篦舟蛾 *Besaia goddrica*（Schaus）

【形态特征】翅展38～50 mm。触角黄褐色双栉齿状。头、胸部背面淡褐黄色；腹部背面灰褐色，节间色较淡。前翅淡灰黄色，从基部至外缘具1条暗灰褐色纵纹，该纹与前缘之间近基部与近端部具2条断裂的横纹，后缘于基部与近中部具伸达该纵纹的斜纹，顶角至翅后缘具1

条长斜纹，自然停息时虫体背面形成3条"人"字形纹。后翅灰褐色，前缘色淡。

【习性】成虫白天静伏于竹枝、灌木或杂草，遇惊作短距离飞翔；夜间活动，飞翔能力强，具趋光性；可集群迁飞到水源处（山间小溪、山涧积水、水池）吸水。

【国内分布】江苏、浙江、江西、福建、广东、湖南、四川、陕西等。

5. 白斑胯舟蛾 *Syntypistis comatus*〔Leech〕

【形态特征】翅展55～60 mm。头白赭色，胸背部、腹部灰褐色。前翅暗褐色；中室内、下方和沿中室的前缘到基部有1个大灰斑。后翅浅赭灰色，前缘灰白色，具1条从前缘到后缘逐渐变细的暗褐色外带；端线和翅脉暗褐色；缘毛灰白色。

【习性】生活于中、低海拔山区；具显著趋光性。

【国内分布】据记载，国内仅分布于福建、江西、湖北、湖南、广东、四川、云南、西藏、甘肃、台湾等。2022年在浙江首次发现。

十五、麦蛾科 | **Gelechiidae**

1. 端刺棕麦蛾 *Dichomeris apicispina* Li et Zheng

【形态特征】翅展15.5～19 mm。头黄褐色，额与头顶灰褐色，额两侧深棕色。触角背面黑褐色，腹面灰色。胸部褐色。前翅前缘近平直，顶角钝，外缘斜直；底色黄褐色；前缘浅黄色，基部黑褐色；1条浅色横带自前缘3/4处弯至近臀角处；中室2/3处、末端及翅褶处各具1个褐斑；沿前缘端部和外缘黄白色，具若干褐斑；缘毛黄灰色。

【习性】成虫喜在清晨和下午羽化。成虫白天通常潜伏在树干等荫蔽处。

【国内分布】浙江、陕西、江西、湖北等。

2. 麦蛾 *Sitotroga cerealella* Olivier

【形态特征】翅展10~13 mm。头黄白色至赭黄色。触角柄节背侧深褐色，腹侧灰白色或黄褐色，前缘具若干黑褐色栉；鞭节灰白色，有黑褐色鳞片或环纹。胸部赭黄色。翅基片黄褐色，基部黑色。前翅浅黄褐色，散布褐色鳞片，窄长；翅褶中部及末端、中室外侧及翅顶有黑斑；缘毛黄色至灰色，基部杂少量黑色鳞片。后翅深褐色，缘毛灰褐色。

【习性】成虫喜在清晨和下午羽化。成虫白天通常潜伏在树干等荫蔽处。

【国内分布】浙江（天目山）。

十六、瘤蛾科 Nolidae

栎点瘤蛾 *Nola confusalis*（Herrich-Schäffer）

【形态特征】翅展20~22 mm。体翅灰色，密布小褐斑；中室近基部、中部及端部具1小簇暗褐色竖鳞；内线暗褐色；外线黑色，脉上点状，从前缘下方向外弯曲至臀褶前方；亚缘线波状。

【习性】生活于低、中海拔山区，具趋光性。

【国内分布】浙江、四川、西藏及华北地区。

十七、桦蛾科 Endromididae

一点钩翅蚕蛾 *Mustilia hapatica* Moore

【形态特征】翅展20~56 mm。头棕黄色，头部后缘及触角基部有白色鳞毛。雄触角污黄色，基半部双栉形；雌蛾单栉形，棕色。前翅灰褐色散布有白色鳞毛，顶角尖向外伸呈钩状，内线波浪纹，翅基部至内线间色浅呈黄褐色；中室具1个黑斑，自顶角至后缘中部有1条赭色斜线，斜线外侧有污黄色粗曲线；顶角内下方至臀角有深色区，缘毛金黄色。后

翅前半枯黄色，后半褐黄色，中线褐色，上段弧形，下段波浪状，形成顶角内侧似有1个污黄色椭圆斑，后缘具赭色月牙形斑。

【习性】生活在低、中海拔山区。成虫具趋光性。

【国内分布】浙江、福建、江西、云南、广西、西藏、海南等。

十八、钩蛾科 Drepanidae

1. 广东豆点丽钩蛾 *Callidrepana geminacurta*（Watson）

【形态特征】翅面斑纹与肾点丽钩蛾相似，但前翅顶角内侧近前缘具1个黄褐斑。后翅前半部分颜色与其他区域一致，具深褐色小斑。

【习性】成虫具较强的趋光性，生活于中、低海拔山区。

【国内分布】福建、浙江、江西、湖南、广东、海南等。

2. 伯黑缘黄钩蛾 *Tridrepana unispina* Watson

【形态特征】翅展32～40 mm。翅面为黄色。前翅顶角下方具云斑状褐色区；内、中、外线均褐色，弯曲；中点白色，边缘为褐色，其内侧具3个褐斑；亚缘线由褐斑组成，M_1至M_3脉间具2个黑褐斑。后翅色浅；中室具并列的2个小白斑，周围红褐色；缘线为1列灰褐色斑。

【习性】成虫夜间活动，具一定的趋光性；白天静伏于隐蔽场所。

【国内分布】浙江、福建、台湾、广东、四川、重庆、云南等。

3. 哑铃带钩蛾 *Macrocilix mysticata*

【形态特征】翅展24～30 mm, 翅白色，前翅中央有1条黄褐色哑铃带状斑，上端膨大，内具灰白斑。后翅近臀角区域颜色渐深且向外突出，臀角至外缘聚集黄色及灰黑色斑。展翅呈"V"形的黄色斑，颜色单一。

【习性】幼虫以栎树为食，生活于中、低海拔山区，数量较少。

【国内分布】浙江等。

4. 接骨木山钩蛾 *Oreta loochooana* Swinhoe

【形态特征】翅展36～41 mm。头鲜红色。触角单栉形，黄褐色，布满黄色绒毛，栉片短于触角，栉片间不分离。体背棕黄

色，腹面鲜红色；前翅基半部黄色，具数条黑褐纹；中带暗黄褐色；外线黄色，自顶角斜向后缘中部。中室端具白点斑。顶角钩状弯凸，具暗斑。外缘弧形外凸。后翅基部黄色，中部有赤褐横宽带，横带外侧至外缘黄色，布3横列棕黑色小斑。顶角具橙褐斑。

【习性】成虫夜间活动，具一定的趋光性。

【国内分布】浙江、河北、山东、福建、台湾、江西、四川等。

十九、巢蛾科 Yponomeutidae

庐山小白巢蛾 *Thecobathra sororiata* Moriuti

【形态特征】触角、胸部及翅基片白色。翅白色，前翅散布黄褐色鳞片；翅前缘基部1/5黑褐色；翅褶中部具褐色斜纹。

【习性】老熟幼虫作薄茧化蛹。成虫行动较敏捷，白天静于叶背或枝条的隐蔽处，夜间活动；吸食露水、蚜虫排泄的蜜露。

【国内分布】浙江、江苏、安徽、福建、江西、河南、湖南、广东、广西、海南、四川、贵州、陕西、甘肃等。

二十、卷蛾科　Tortricidae

1. 黄卷蛾 *Archips* sp.

【形态特征】翅展19～28 mm。雄蛾斑纹清晰，前翅具前缘褶；雌蛾虫体大于雄性，斑纹不清晰，后翅前缘近端部具1丛香鳞。

【习性】成虫具有趋光性，吸食汁液。白天静伏于枯叶或杂草丛。

【国内分布】全国广布。

2. 葡萄花翅小卷蛾 *Lobesia botrana*（Denis et Schiffermuller）

【形态特征】翅展9～12.5 mm。头顶粗糙，棕黄色。触角黄褐色。后胸脊突发达，棕褐色；胸部腹面白色。前翅窄，前缘直，褐色，钩状纹淡黄色或浅赭色，下方暗纹铅色，镶显著赭黄色边；基斑淡黄色或赭色；第1～2对钩状纹后端达翅后缘基部；第3～4对钩状纹向后端渐宽，达翅后缘1/3～3/5；中带赭色，前缘与中室外缘之间的外侧部分为褐色，外缘中部凸出；第5～6对钩状纹的暗纹连接，前半端深褐色，在M_2脉与M脉基部1/3之间与第7对钩状纹的暗纹汇合后分离，分别达翅后缘3/4处与臀角，二者之间有1个赭褐色三角形小斑；后中带点

状，褐色；亚端纹为1个赭色圆斑，外缘弧形；端纹小，赭色杂浅褐色；缘毛赭色或浅赭色；翅腹面深褐色，前缘钩状纹黄色。

【习性】生活于中、低海拔山区，成虫具一定的飞行能力和趋光性。

【国内分布】浙江、黑龙江、上海、安徽、福建、河南、湖南、四川、贵州、甘肃、台湾等。

3. 黑痣小卷蛾 *Rhopobota* sp.

【形态特征】翅展 12 ~ 16 mm。前翅索脉从R_1至R_2脉1/3处伸出，止于R_5至M_1脉基部中点处；M干脉止于M_3或CuA_1脉基部；R_4和R_5脉共柄。

【习性】成虫具较强的趋光性。

【国内分布】全国广布。

4. 梅花小卷蛾 *Olethreutes dolosana*（Kennel）

【形态特征】翅展 12 ~ 14 mm。前翅前缘拱起，外缘近直；底色黄色；斑纹褐色杂赭黄色，具9对黄色钩状纹，其后端具亮铅色暗纹；基斑三角形，黑褐色杂黄色；第1 ~ 2对钩状纹后端暗纹与第3 ~ 4对钩状纹后端暗纹汇合，形成1条亮铅色横带；中带黄色至赭黄色，密杂黑褐色，内缘镶黄色边；端部5对钩状纹的暗纹后端汇合，向外伸达M_2脉末端；中带与后中带之间具亮铅色暗纹，中部具1个暗褐色

三角形小斑。

【习性】生活于中、低海拔山区。成虫具有较强的趋光性和向阳性。

【国内分布】黑龙江、吉林、天津、河北、山东、河南、浙江、福建、湖北、湖南、广东、四川、贵州、云南、陕西、甘肃等。

5. 天目山黄卷蛾 *Archips compitalis* **Razowski**

【形态特征】胸部灰褐色，杂锈褐色鳞片；翅基片发达，灰褐色。前翅宽阔，前缘基部1/3弧状均匀凸出，外端平直，顶角明显突出，外缘在Rs和M_3脉之间明显内凹。臀角宽圆；前缘褶长，约占翅前缘的1/2；底色黄褐色，前缘褶周围灰褐色，斑纹暗褐色或锈褐色；基斑大，指状，端部向前方弯曲；中带前缘窄，后半部宽；亚端纹弯月形；顶角和外缘端半部缘毛红褐色。翅腹面褐色，顶角处赭褐色。

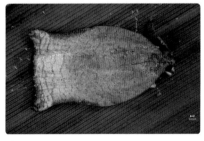

【习性】成虫有趋光性和趋化性，昼伏夜出。幼虫在叶簇间化蛹。成虫具一定的飞行能力。

【国内分布】安徽、浙江、福建、江西、河南、湖北、湖南、广西、贵州、四川、云南、甘肃等。

6. 环针单纹卷蛾 *Eupoecilia ambiguella*（Hübner）

【形态特征】翅展7.5～15 mm。头顶及额淡黄色，触角黄褐色杂黑褐色。胸部及翅基片黄色。前翅前缘近平直；翅面底色黄色；基斑位于翅基部，浅黄褐色；中带后端渐窄，黑褐色，1条浅黄褐色窄带自中带外缘前端1/3处延伸至后缘；臀角上方具1个浅黄褐色大斑；顶角处被1个黄褐斑；后缘杂有黑褐色。

【习性】幼虫常卷叶为害。多数聚集，共同用丝、枝叶筑一大巢。成虫夜间活动，具趋光性。

【国内分布】浙江、北京、天津、河北、山西、辽宁、黑龙江、安徽、福建、江西、河南、湖北、湖南、广东、广西、海南、四川、重庆、贵州、云南、陕西、甘肃、宁夏、新疆、台湾等。

二十一、鞘蛾科 Coleophoridae

1. 遮颜蛾 *Blastobasis edentula* Teng et Wang

【形态特征】翅展6 mm。前翅近基部1/3有暗褐色带，带内侧衬灰白色，带中部有独立缘斑；翅近端部具3个黑褐斑。

【习性】低龄幼虫潜叶，稍长即结鞘，取食时身体部分伸出鞘外。生活于郁闭度较小的中、低海拔林区，幼虫具一定的趋光性。

【国内分布】浙江、云南、海南等。

2. 角壮鞘蛾 *Coleophora nomgona* Surhone

【形态特征】翅展10~12 mm。头白色，头顶中部有时淡黄色，触角柄节扩大，鞭节白色。胸部和翅基片白色。前翅银白色，自基部至翅端和翅褶后缘各具1条浅黄褐色宽纵带，缘毛灰白色。

【习性】幼具结鞘习性，成虫吸食液汁，具一定的趋光性。

【国内分布】浙江、河北、陕西、宁夏等。

二十二、辉蛾科 Hieroxestidae

东方扁蛾 *Opogona nipponica* Stringer

【形态特征】翅展12~15 mm。后头黑褐色，闪暗紫色金属光泽；头顶及颜面亮黄白色。触角柄节灰褐色至深褐色，沿前缘常浅黄色或黄白色；鞭节浅黄色。胸部及翅基片金黄色。前翅基半部金黄色，端半部铜褐色；交界线垂直，具黑色鳞片构成的模糊小暗斑；缘毛铜褐色。

【习性】成虫隐藏于树皮缝或叶背，吸食蜂蜜和其他汁液。具一定的趋光性。

【国内分布】浙江、北京、河北、辽宁、吉林、黑龙江、福建、江西、河南、湖北、广西、四川、重庆、贵州、云南、陕西、甘肃、台湾等。

二十三、谷蛾科 Tineidae

梯纹白斑谷蛾 *Monopis monachella*（Htibner）

【形态特征】翅展15～16 mm。头白色。触角赭黄色或赭白色；柄节背侧白色，腹侧赭白色。前翅暗褐色，沿前缘具1个伸至翅中央的白色梯形大斑，其侧缘和底缘呈浅"W"形，翅外缘有3～4个赭白色小斑；透明斑白色，近圆形；缘毛暗褐色。后翅赭白色或灰白色；缘毛基半部灰色，端半部赭白色。

【习性】成虫上午羽化，具一定的飞行能力，在树皮缝等潜伏越夏。

【国内分布】浙江、天津、河北、黑龙江、安徽、山东、河南、湖北、湖南、广东、广西、海南、四川、贵州、云南、西藏、陕西、甘肃、新疆、台湾等。

二十四、织蛾科 Oecophoridae

丽展足蛾 *Stathmopoda callopis* Meyrick

【形态特征】翅展9～12 mm。颜面和头顶亮白色，头顶后缘深褐色，后头深赭色。触角柄节亮白色；鞭节基部几节白色，其余黄褐色。胸部深褐色；翅基片赭褐色。前翅深褐色，具2条赭黄色横带，第2条近矩形，缘毛褐色。

【习性】生活于中、低海拔山区，成虫具一定的飞行能力和趋光性。

【国内分布】浙江、山西、安徽、福建、江西、河南、湖北、广东、广西、海南、重庆、贵州、甘肃、台湾、香港等。

二十五、祝蛾科 Lecithoceridae

灰白槐祝蛾 *Sarisophora cerussata*（Wu）

【形态特征】翅展12.5 ~ 13 mm。头部黄白色。触角黄白色，较粗。胸部和翅基片浅灰白色。前翅灰白色；肩斑深褐色；中室斑小，深褐色，中室端斑大，圆形，深褐色；缘毛黄白色。后翅及缘毛灰褐色。

【习性】成虫具较强的趋光性。

【国内分布】浙江、安徽、江西、福建、广东等。

二十六、刺蛾科 Limacodidae

双齿绿刺蛾 *Parasa hilarata* Staudinger

【形态特征】翅展21 ~ 28 mm。头顶和胸背绿色，腹背灰褐色，末端灰黄色。前翅绿色，基斑暗灰褐色，在中室下缘呈角形外突，外缘为褐色带，其内缘仅在2A脉上呈齿形内弯。后翅灰褐色。

【习性】低龄幼虫聚集叶背取食，3龄后分散取食，白天静伏于叶背，夜间和清晨取食叶肉。成虫昼伏夜出，趋光性强。

【国内分布】浙江、河北和东北地区等。

第四节　毛翅目 Trichoptera

一、角石蛾科　Stenopsychidae

突长角石蛾 *Ceraclea* sp.

【形态特征】翅展7～8 mm。雄蛾体色较暗，阳茎基端腹缘完整且较长，雄蛾仅具1对阳基侧突，具肛侧板。

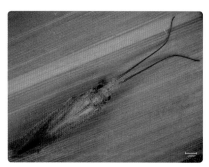

【习性】生活于淡水生境，夜间飞行，具较弱的飞行力；对光具有一定的趋性，以植物汁液和花蜜为食。卵产于水面的岩石和植物上。

【国内分布】浙江。

二、径石蛾科 Ecnomidae

径石蛾 *Ecnomus* sp.

【形态特征】头部具多对毛瘤，无单眼。胫距式3-4-4。前翅具R_1、Ⅰ、Ⅱ、Ⅲ、Ⅳ、Ⅴ叉，DC、MC、TC均封闭。后翅具Ⅱ、Ⅴ叉，DC、MC、TC均开放。

【习性】生活于湖泊、溪流中，喜较清凉、水质好的水域。生态适应性较弱，对水源的污染程度有较好的指示作用。

【国内分布】浙江。

三、鳞石蛾科 Lepidostomatidae

1. 鳞石蛾 *Lepidostoma* sp.

【形态特征】前、后翅第1叉无柄，后翅脉相对较为典型，无特化。腹部第7节腹板无突起。触角柄节、下颚须的形状高度特化；翅脉及头胸部毛瘤也具一定特化。

【习性】幼虫以取食枯枝落叶为主，是清洁水体的指示生物。成虫以植物汁液和花蜜为食，具一定的趋光性。

【国内分布】浙江。

2. 缘脉多距石蛾 *Plectrocnemia* sp.

【形态特征】前翅具第Ⅰ、Ⅱ、Ⅲ、Ⅴ、Ⅵ叉，第Ⅰ、Ⅲ叉

具柄，分径室及中室闭锁。后
翅具第Ⅱ、Ⅲ、Ⅵ叉，分径室
及中室开放。

【习性】生活于各类清洁
水域。幼虫利用细小的砂石、
淤泥等吐丝缀连成巢，将巢附
着于流速较缓区域的石块、水
中的木头、水生植物或其他物质，取食有机质或捕食其他昆虫。

【国内分布】分布于除非洲界和新热带界外的各动物地理区。

第五节　膜翅目 Hymenoptera

一、茧蜂科　Braconidae

绒茧蜂 *Apanteles* sp.

【形态特征】体长1.8～3 mm，黑色，前足赤褐色，翅基片暗
红色，翅透明，翅痣和翅脉褐色。头横形，具细密的皱纹。小盾片
光滑。并胸腹节具粗糙皱纹。径脉第1段与肘间脉近等长，痣后脉
与翅痣等长。第3节背板光滑，在基
部中央具无毛的三角区。

【习性】卵产于鳞翅目2～3龄
幼虫的体内，直至3龄幼虫均在寄主
体内生活，3龄后期从寄主体内爬
出，在附近吐丝结茧化蛹。成蜂吮
吸花蜜露水及菜叶的汁液。

【国内分布】浙江、湖北、湖南等。

二、姬蜂科 Ichneumonidae

1. 叶螟钝唇姬蜂 *Eriborus vulgaris* Morley

【形态特征】体长6~7.5 mm。头、胸部黑色，触角第7~12鞭节腹面、小盾片黄白色。后足基节、腹部第1~2背板基部黑色，其余部分红褐色。翅基片黄色，翅痣及翅脉褐色。后足胫节亚基部和末端浅褐色。

【习性】单寄生，从蛹内羽化。

【国内分布】浙江、江西、湖北、湖南、四川、台湾、福建、广东、广西、云南等。

2. 姬蜂 *Ichneumon* sp.

【形态特征】体长约13 mm，黑色，多黄斑，头部和触角具白斑。颈中央、体两侧具黄白色横斑，直达腹末。足腿节黑色，其余部分黄褐色。翅脉黑褐色，翅痣暗黄褐色。

【习性】主要寄生于马尾松毛虫体内。

【国内分布】浙江、台湾。

3. 黑斑细颚姬蜂 *Enicospilus melanocarpus*（Cameron）

【形态特征】上颚端齿阔；上端齿向内弯曲，当双颚闭合时，部分上端齿被唇基覆盖。无小翅室。腹部第1节背板具基侧凹，长约为端宽的2.5倍，气门接近中央；第2~4节背板光滑，具细弱的刻点。

【习性】寄生于鳞翅目，例如棉铃虫、枯叶蛾、缘点毒蛾等的幼虫体内。

【国内分布】浙江、广东、海南、广西、福建等。

4. 后唇姬蜂 *Phaeogenes* sp.

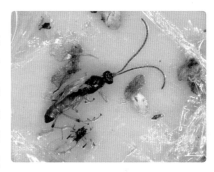

【形态特征】头、胸、腹部第4节以后黑色，其余部分和足赤褐色。触角基部数节赤褐色，向末端逐渐变成黑褐色，中央的一段3~4节背面浅黄色，并胸腹节中区后缘凹入甚深。触角中央的1段无浅黄色斑。腹部第1节的末端和第2~4节赤色；第5节的基缘和端缘赤色。

【习性】寄生于鳞翅目（如二化螟、稻纵卷叶螟等）幼虫体内。

【国内分布】浙江、安徽、江西、湖北、湖南、四川、福建、广东、广西、贵州、云南等。

三、蚁科 Formicidae

1. 日本弓背蚁 *Camponotus japonicus* Mary

【形态特征】体长7~12 mm，黑色。头大，近三角形。上颚粗壮。前、中胸背板较平；并胸腹节侧扁；头、并腹胸及结节具细密网状刻纹，具一定光泽。腹部后面的刻点细密。腹部有银黑色条纹。

【习性】以工蚁、有翅雌蚁、有翅雄蚁、幼虫在土（木）穴中越冬。具婚飞行为，婚飞后的有翅雌蚁翅脱落，寻找适宜场所产卵。

【国内分布】浙江、黑龙江、辽宁、吉林、山东、北京、江苏、上海、福建、湖南、湖北、重庆、贵州、广东、广西、云南等。

2. 猛蚁 *Brachyponera* sp.

【形态特征】体长9.5～15.5 mm。体黑褐色。上颚、触角鞭节、足和腹末红褐色。中胸背板呈五边形凸起，具翅基。上颚宽，三角形，咀嚼缘具6～8齿。唇基窄，中部凸，缺中脊。前胸背板前缘圆凸。腹柄下突三角形，前下侧钝角形。后腹部粗大，基二节间显著缢缩。上颚具细纵刻纹和稀疏粗刻点；头部和并腹胸具密集刻纹。前胸背板前缘刻纹横形。全身遍布短绒毛。

【习性】受惊吓或打扰时会跳跃逃走。在地下植物的根际筑巢，捕食小昆虫。

【国内分布】浙江。

四、缘腹细蜂科 Scelionidae

等腹黑卵蜂 *Telenomus dignus* Gahan

【形态特征】体长约0.7 mm，黑色。头宽约为长的2倍，额突出。触角黑褐色，11～12节，串珠形。中胸小盾片半圆形。腹部尖叶形，与头胸之和等长；第1背板具10条纵脊沟，第2背板具12条，第1、第2腹板各具9条较长纵脊沟。腹部近卵形。

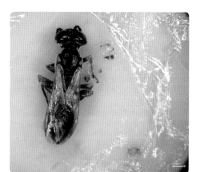

【习性】寄生于寄主卵块的表层卵粒，以成虫在水稻遗株和杂草内越冬。

【国内分布】浙江、台湾、福建、广东、广西、贵州、云南等。

五、泥蜂科 Sphecidae

黑泥蜂 *Cheylteus eruditus*（Schrank）

【形态特征】体长17～20 mm，黑色。头、胸部具灰色长绒毛，颜面密生淡灰褐色短毛。翅黄灰色，透明，外缘色暗。触角12节，末节短，端平截。中胸盾片具细刻点，小盾片并胸腹节具细网纹。腹柄细长，成弧形弯曲。

【习性】捕食其他小型昆虫。

【国内分布】浙江。

六、蜜蜂科 Apidae

1. 黄芦蜂 Ceratina（Ceratinidia）flavipes Smith

【形态特征】体长5～9 mm，黄褐色，具黄斑。上颚具2齿，颜面光滑，仅唇基及眼侧区有少量不均匀的浅刻点；额具均匀刻点；颅顶刻点稀少，后缘较密。后盾片刻点细密。并胸腹节中部被纵皱褶；腹部第1节背板光滑，第2～6节背板刻点密而浅。唇基的"山"字形斑，眼侧、额具1个斑，触角窝上具2个小斑，胫节基部具不同大小的斑，腹部第1节背板具3个斑，第2～3节背具中断的斑，第4～5节背板后缘纹黄色。

【习性】成虫喜欢访鸡冠花、蒿子、砂仁、荆条及苦荬菜的花。

【国内分布】浙江、吉林、河北、山东、江苏、湖北、江西、福建等。

2. 中华蜜蜂 Apis cerana Fabrieius

【形态特征】体长11～13.5 mm。头、胸部黑色，腹部黄褐色，全身披黄褐色绒毛。工蜂腹部较黄或偏黑。

【习性】飞行敏捷，嗅觉灵敏，出巢早，归巢迟，善于利用零星蜜源。喜迁飞，易发生分蜂和盗蜂现象。

【国内分布】浙江、黑龙江、甘肃、青海、新疆、海南、云南、贵州、四川、广西、福建、广东、湖北、安徽、湖南、江西、台湾等。

第六节　双翅目 Diptera

一、大蚊科 Tipulidae

喜马大蚊 *Tipula*（*Emodotipula*）sp.

【形态特征】翅褐色透明，翅痣黑褐色，黑褐色斑区分布于Rs脉基部、R_{1+2}基部、r翅室基部。雌性尾须不延长，末端钝圆。

【习性】成虫白天多见于阴湿生境，飞行慢，常见于水边或植物丛。卵单产。幼虫多生活于草根、树根、腐烂植物中，或水生；植食或肉食。

【国内分布】浙江、安徽、四川、台湾等。

二、沼大蚊科 Limoniidae

1. 拟大蚊 *Limnophila* sp.

【形态特征】体长3.5～4.5 mm，前盾片褐色，具8条深棕色纵条纹。其中，中央两条纵纹较粗。侧板褐色。Sc_1脉端部略超过Rs脉中部，CuA_1脉基部超过M分叉处。生殖基节长。内生殖刺突大。

【习性】是水质监测的重

要指示性昆虫和有机质分解者，对维持生态平衡具有重要意义。生活于中、低海拔山区。幼虫水生，栖息于水边泥沼地，喜好停留于水边植株间。

【国内分布】浙江。

2. 露毛康大蚊 *Conosia irrorata*

【形态特征】体长11～12 mm。头褐色，被粉。两复眼间具沟。触角柄节和梗节褐色，鞭节9节，第1节葱头状，其余各节圆柱形。前胸背板和前盾片黄褐色，前盾片中间有1褐线，其两侧有纵排褐斑。盾片、小盾片及中背片褐色。侧板黄褐色，上前侧片褐色。翅白色透明，Rs基部、分叉处及A$_2$端部有浅褐斑，C室所有横脉均被褐斑包围，Rs基部弯折成钝角。A$_2$脉长，端部向下弯曲。腹部背板第1～5节黄褐色，具深褐色小斑，被粉。

【习性】生活于有水的生境，栖息在阴暗隐密的墙角，停栖时身体与墙壁垂角状，前、中足前伸，后足向后成线型，有拟态性。

【国内分布】浙江。

三、摇蚊科 **Chironomidae**

狭摇蚊 *Stenochiromus* sp.

【形态特征】体长5～6 mm。前翅半透明，具中、端部色斑带。胸部具侧肩带，渐向头部逐渐缩小，中肩带缺失。侧片和小盾片无斑。中腿节和后腿节在靠近中间位置有

棕色环；下附器末端有短粗毛。足黄色，前足腿节端部2/3褐色；中足腿节中部具色环。生殖节肛尖两侧平行。第9背板两侧着生8根硬粗毛，上附器指状，下附器延伸超过肛尖末端，端棘短粗，亚顶端有3～4根细长毛。抱器端节细长。

【习性】生活于沼泽、池塘、小溪、河流等水生环境，幼虫以浮游植物、水生植物和有机质颗粒为食。

【国内分布】浙江、安徽。

四、食蚜蝇科 Syrphidae

1. 东方墨蚜蝇 *Melanostoma orientale*

【形态特征】体长5～7 mm。头顶和额亮黑色；颜面黑色，除中突外被灰色粉被；触角淡黑色，第3节下侧褐黄色。中胸背板和小盾片亮黑色。腹部黑色，具光泽，第2～4节各具1对橘黄色斑。足橘黄色，雄虫前足腿节基半部、后腿节黑色，后胫节中部具淡黑色的宽带。

【习性】幼虫捕食蚜虫，成虫吸食花蜜。

【国内分布】浙江、贵州、内蒙古、吉林、上海、福建、湖北、湖南、广西、四川、云南、西藏、青海、新疆等。

2. 墨管蚜蝇 *Mesembrius* sp.

【形态特征】体长11～12 mm，头顶三角区黑色，被毛和粉。额突起，颜中带黑褐色，无中瘤。复眼具小距离相接。触角黑褐色，芒裸。中胸背板黑色，具浅色纵条纹和毛。小盾片黄褐色。翅透明，缘室开放。足黑色，具浅色斑。后足第1跗节基部腹面具毛片。腹部黑色，具黄色条纹。肛尾叶被毛，侧尾叶细、弯、短、端部膨大。阳茎侧叶小、对称。

【习性】生活于农田及田埂杂草丛，对控制当地农作物蚜虫、授粉具有重要作用。

【国内分布】浙江。

3. 黄短喙蚜蝇 *Rhinotropidia rostrate*

【形态特征】体长约10 mm。额突黄色，密覆黄白粉，头顶三角形区黑色，颜面黄色，密覆黄白粉。颊黄色，复眼下有小黑斑。触角着生于复眼正中，橙黄色。触角芒裸，黄色。胸部背板、小盾片亮黑色。中胸侧板黑色，密覆灰白粉。小盾片后方具长黄毛。翅面几乎透明。腹部黑色，第1节两侧黄白色；第2节侧面有1对橙黄色不相接的大斑；第3节背板前缘处两斑相接；第4节背板的前角有1对灰黄斑；第5节背板侧面缘具黑亮的大斑。

【习性】生活在农田及田埂杂草丛生境，幼虫捕食蚜虫，成虫吸食花蜜。

【国内分布】浙江、河北、北京、河南、广东、江苏等。

4. 黑带蚜蝇 *Episyrphus balteatus*

【形态特征】体长7～11 mm。头黑色，覆黄粉，被褐色黄毛；头顶狭长，三角形。额前端具1对黑斑。触角橘红色，第3节背面黑色。颜面黄色，颊黑色，被黄毛。中胸盾片黑色，中央具1条狭长灰纹。两侧的灰纵纹较宽，汇合于背板后端。足黄色。腹部第2节宽大，侧缘

无隆脊，背面黄色，第2~4节后端、近基部具黑横带，第4节后缘黄色，第5节全黄色或中央具1条黑横带。腹面黄色或第2~4腹片中央具黑斑。

【习性】幼虫捕食蚜虫。

【国内分布】浙江、山东、江苏、河北、江西、北京、上海、四川、福建、广西、云南、广东、吉林、辽宁、黑龙江、西藏等。

5. 细腹蚜蝇 *Sphaerophoria* sp.

【形态特征】体长5.7~7.2 mm，狭长。头黄色，触角橙黄色，芒裸，额正中具1条黑色宽纵带。中胸背板暗蓝色，中央有3条黑纵带。中胸两侧边缘、前后肩胛及小盾片橙黄色，被黄毛。第1腹节背板前缘黑色，后缘黄色；第2~4腹节背板前后缘各有1条黑横带，后缘的横带较宽，前缘的窄，第5~6腹节背板中央各具1条黑纵带。第5节纵带后端两侧各有1个三角形黑斑，第6节纵带后端具黑褐色短横带。中胸两侧边缘、前后肩胛及盾片均黄色，被黄毛。第1腹节背板黑色，第2~6节背板前后缘各具黑色、褐色或橙色横带。

【习性】幼虫捕食蚜虫。成虫性喜阳光，取食花粉、花蜜或树流出的汁液，对传粉具有重要作用。

【国内分布】浙江、湖北、四川等。

五、缟蝇科　Lauxaniidae

1. 缟蝇 *Pachycerina* sp.

【形态特征】体长2.7 ~ 2.8 mm，头黑色。复眼暗红色。触角黄褐色，第1鞭节端部圆；触角芒黄白色，柔毛状。胸部褐色。中胸背板有2条褐色宽带，较细的1条带两端对称弯曲，伸达小盾片基部。翅透明，左右前翅横脉具褐斑，近基部、中部、近端部、最端部分别具对称的黑横斑。

【习性】生活于中、低海拔山区的灌木丛、草地、森林、沼泽地等处。成虫下午活跃。对生境变化敏感，是评价生境变化的指示生物之一。成虫具访花习性；幼虫对腐味具趋性。

【国内分布】浙江。

2. 斑翅同脉缟蝇 *Homoneura* sp.

【形态特征】体长3 ~ 3.5 mm，灰褐色。头黄褐色，分布暗色斑。复眼暗褐色；单眼鬃发达。中胸背板具大小、形态各异的褐色斑纹，翅透明并具白斑和褐斑。小盾片外缘黄色，中部基部褐色。盾片中央具1梯形大褐斑。背中鬃发达。

【习性】生活于中、低海拔山区。成虫下午活动频繁。对生境变化敏感，是评价生境变化的指示生

物之一。成虫具访花习性；幼虫具趋腐性。

【国内分布】浙江。

六、寄蝇科 Tachinidae

1. 鹨寄蝇 *Eophyllophila* sp.

【形态特征】体长约11 mm，细长，黑色，覆灰白色粉被。触角、下颚须、足均黑色，上、下腋瓣、平衡棒黄色，翅黄色透明。触角芒羽状。中胸盾片在盾沟前具3个黑纵纹。小盾片黑色，端鬃缺如，侧鬃每侧1根。腹部黑色，第2背板基部中央凹陷，不达后缘，第3～5背板基部覆灰白色粉，第3～4背板各具中心鬃1对。前胫节具1根后鬃，中胫节无鬃；小盾端鬃发达。腹部第2背板基部凹陷。

【习性】幼虫营寄生生活，主要寄生于鳞翅目、膜翅目和鞘翅目的幼虫。

【国内分布】浙江。

2. 黑头猛寄蝇 *Periscepsia carbonaria*

【形态特征】体长9～11 mm。胸部黑色。腹侧片鬃1+1，翅狭长，前缘暗晕，后半部淡灰，透明，第5径室具长柄。小盾片黑色，小盾端鬃发达。足黑色，细长。腹部黑色，长卵形。第2背板基部的凹陷，第3～4背板各具1对鬃。

【习性】卵或幼虫寄生在其他昆虫体内。成蝇利用舐吸式口器舐吸花蜜以及蚜虫、介壳虫或植物茎叶分泌的含糖物质。

【国内分布】浙江、北京、宁夏、新疆、西藏、云南等。

3. 玉米螟厉寄蝇 *Lydella grisescens*

【形态特征】体长5～8 mm。复眼裸。额鬃排列2～3行，无外侧额鬃。中胸背片、小盾片覆灰白粉。腹部黑色，背板沿后缘具1黑色阔横带。第3～4背板各具1对中心鬃。前缘脉第4脉与第6脉近等长。前足爪短于第5跗节。

【习性】主要寄生于鳞翅目幼虫体内，化蛹，羽化后破蛹而出。成虫白天活动，舐吸花蜜和果汁。

【国内分布】浙江、黑龙江、吉林、内蒙古、河北、天津、北京、山东、山西、陕西、青海、江苏、四川、广东、广西等。

七、潜蝇科　Agromyzidae

黄潜蝇 *Chlorops* sp.

【形态特征】体长3～4.5 mm，黄褐色，平衡棒黄色。眶毛后倾；存在小盾前鬃；背中鬃3对。有1对沟前背中鬃，短于沟后背中鬃。翅前缘脉终止于R_{4+5}脉，存在M-M横脉，中室大。成虫均具发音器。

【习性】幼虫潜叶为害。

生活于谷穗和茎内，使嫩叶枯萎。以幼虫和蛹随寄主植物及包装铺垫物等经人类活动进行远距离传播扩散。

【国内分布】浙江。

八、沼蝇科 Sciomyzidae

紫黑长角沼蝇 *Sepedon violaceus*

【形态特征】体长6~6.5 mm。头蓝黑色，具金属光泽。触角长，第1、第3节基部暗黄褐色。额3条浅纵沟，前额凸起。触角基部间有1瘤状突，颜与颊组成圆筒状突。中胸盾片蓝黑色，覆灰粉，具4条黑纵带。翅暗褐色，端部色较深。足红褐色，胫节端部及跗节黑褐色，腹部紫黑色。

【习性】寄生于水稻等作物的害虫体内。

【国内分布】华东、华中、华南稻区。

九、实蝇科 Tephritidae

瓜实蝇 *Bactrocera* sp.

【形态特征】体长9~12 mm，黑、黄相间。颜面黄色，具卵形黑斑。中胸背板黄褐色，有缝后侧黄条纹和中后缝黄条纹，黄条纹间具黑褐色斑；缝后侧黄条纹两侧平行。小盾片黄色，具狭窄的暗褐色基带和2对小盾端鬃。腿节黄色，前、后胫节褐色，中胫节淡褐色。翅前缘带形成翅端斑。腹部黄褐色，背板侧缘狭黑色，第2~3节背板具黑基带，第2节的基带在背板侧中断。第

2～3节背板黑横带与第3～5节背板末端中央的黑纵带相交成"T"形。

【习性】初孵幼虫先取食果实中心，逐步移至果肉。当果实腐烂时，幼虫已长大，落入土壤蛹化。

【国内分布】浙江、福建、海南、广东、广西、贵州、云南、四川、湖南、台湾等。

十、瘿蚊科　**Cecidomyiidae**

锈菌瘿蚊 *Mycodiplosis puccinivora* Jiao

【形态特征】体长1～1.5 mm，触角2+12节，鞭节双栉状，第1～2鞭节愈合，各鞭节基球部具1轮、端球部具2轮环丝。胸部背面褐色。翅透明，布短毛，R_5脉在翅端后方与C脉会合，第Cu脉分岔。足灰色，爪极度弯曲，前足具1对基齿，中、后足爪间突小。腹部灰褐色。

【习性】成虫脆弱，飞翔能力弱，早晚活动，栖息于幼虫生活场所附近。幼虫菌食性。

【国内分布】浙江、海南。

第七节 直翅目 Orthoptera

一、露螽科 **Phaneropteridae**

端尖斜缘露螽 *Deflorita apicalis*（Shiraki）

【形态特征】体长45～50 mm，绿色。两复眼间的白色区域具1个红斑。前胸背板绿色，基部具1个椭圆形白斑。翅狭长，末端尖狭、褐色，腹侧具白斑。后足细长，具黑斑。

【习性】生活于中、低海拔山区。

【国内分布】浙江。

二、蝼蛄科 **Gryllotalpidae**

东方蝼蛄 *Gryllotalpa orientalis* Burmeister

【形态特征】体长30～35 mm，灰褐色，密布细毛。头圆锥形，触角丝状。前胸背板卵圆形，具1个暗红色心形凹斑。前翅灰褐色，较短，仅达腹中部。后翅扇形，超过腹末。腹末具1对尾须。前足为开掘足，后足胫节背面内侧具4个距。

【习性】初孵若虫具有群集性。成虫、幼虫具强烈的趋光性、趋化性和趋湿性，喜栖于河岸渠旁、菜园地及轻度盐碱潮湿地。

【国内分布】华中、长江流域及其以南各省、华北、东北、西北。

三、蟋蟀科 Gryllidae

1. 亮褐异针蟋 *Pteronemobius nitidus*（Bolívar）

【形态特征】体小型，茶褐色，外观油亮具光泽。头褐色，后头区具4条淡纵纹。前胸背板侧叶黑褐色。前胫节外具1个长卵型听器，后胫节背面具4对亚端距。前翅伸达腹末。后翅或伸出前翅外如尾状或隐于前翅下。

【国内分布】江苏、福建、广东、山东、北京、湖南、云南、浙江、宁夏、四川、河北、广西等。

2. 日本钟蟋 *Meloimorpha japonica*（Haan）

【形态特征】体长12～15 mm。前翅Sc脉分支较多，前翅阔，具5～7条斜脉，镜膜较大；基部呈角状，端部弧形，内具2条分脉。后翅较长。足细长，前胫节内外两侧均具椭圆形的膜质听器，后胫节背面具刺，刺间具2～3枚背距，外端距非常短，内侧中端距最长。尾须细长。

【习性】叫声较细，似震动铃铛发出的声音，所以叫做钟蟋。听到它的声音就好像听到风吹松动的声音。

【国内分布】上海、山东、北京、河北、河南、江苏、浙江、海南、福建、广西、台湾等。

3. 小悍蟋 *Svercacheta siamensis*（Chopard）

【形态特征】体长约15 mm, 体褐色，头部前端黑色，基部褐色有纵向浅短纹。在黄褐色半透明的前翅覆盖下呈现出两端浅色条带。

【习性】成虫具趋光性。成虫与若虫均以多种作物为食，蚕食豆类、薯类、甘蔗及蔬菜。

【国内分布】辽宁、河北、山西、河南、山东、安徽、江苏、浙江、福建、台湾、湖北等。

4. 黑脸油葫芦 *Teleogryllus occipitalis*（Serville）

【形态特征】体长20～30 mm，身形紧凑。体黑褐色，浑身油光闪亮。触角褐色，呈"八"字形。头黑色，呈圆球形，"八"字纹变异较大。颜面黑褐色。股节深褐色。

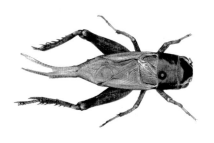

前胸背板黑褐色，具对称的淡褐斑，侧板下半部淡色。前翅背面褐色，具光泽，侧面黄色。尾须淡黄褐色，较长，伸达后足跗节。

四、刺翼蚱科 Scelinena

突眼优角蚱 *Eucriotettix oculatus*（Bolivar）

【形态特征】体长12～16 mm，暗褐色。前胸背板侧片后角呈片状扩大，末端具横直刺。前胸背板后突达后胫节末端；后翅达前胸背板后突。前足、中足的胫节具淡色环，后股节外侧具3个淡色斜斑。

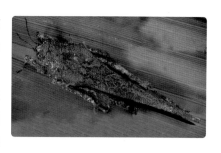

【习性】取食幼嫩苔藓及腐殖质，具群居性，生活在阴凉、有水流、石壁上着生苔藓和地衣、腐殖质丰富的生境。

【国内分布】浙江、台湾、广东、海南、广西、云南等。

第八节　广翅目 Megaloptera

齿蛉科　**Corydalidae**

1. 花边星齿蛉 *Protohermes costalis*（Walker）

【形态特征】体长30~40 mm。头扁宽，黄褐色。触角锯状，较短，梗节和柄节黄褐色，鞭节黑色。单眼3个，中单眼横长，侧单眼长圆形，内侧具新月形黑斑。胸部黄褐色，前胸长弓形，两侧具中断的黑带；中、后胸具淡褐斑。翅黄褐色，半透明；前翅前缘横脉列间具褐条纹；翅面具许多大小不等、相连的淡黄斑。M脉分4条合并再分支。横脉排列不整齐。

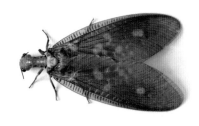

【习性】属于水生、捕食性昆虫，幼虫期主要捕食小鱼、小虾等。

【国内分布】浙江、甘肃、四川、江西、福建、广东、湖南、河南、广西、河北、北京、陕西等。

2. 中华斑鱼蛉 *Neochauliodes sinensis*

【形态特征】头黄褐色，头顶具许多小瘤突。单眼3个，呈三角形排列，中单眼小、长，侧单眼大，内侧具黑纹。触角黑褐色，存在二型现象，雄虫栉齿状，雌虫锯齿状。前胸长方形，具三角形黄斑。中、后胸黄褐色，分别具1对大黑斑。腹部褐色。足多毛，黄褐色，胫节和跗节均黑褐色。前、后翅半透明，淡黄褐色，具褐斑；前缘横脉前缘具3个黑褐色大斑。

【习性】幼虫生活于流水生境，可固定于水底石块，以捕食水生昆虫的幼虫为生，老熟幼虫在水边土中化蛹。成虫具趋光性，捕食蛾类等害虫。

【国内分布】浙江、安徽、江西、湖北、湖南、福建、台湾、广东、广西、贵州等。

第九节　啮虫目 Corrodentia

啮虫科　**Psocidae**

黑细茶啮虫 *Stenopsocus niger*

【形态特征】体长约1 mm。柔弱，具长翅。头大，活动灵活，后唇基发达。翅膜质，透明，有臀褶、翅痣，多呈屋脊状置于体背。

【习性】喜欢生活于树干、枯木或动物巢穴中。

【国内分布】浙江、吉林、山西、陕西、湖北、广西、四川、甘肃等。

第十节　脉翅目 Neuroptera

一、蚁蛉科　**Myrmeleontidae**

白云蚁蛉 *Glenuroides japonicus*

【形态特征】体长30～35 mm。头褐色。触角细长，暗褐色。胸部黄褐色，背板具褐斑；侧面有褐纵带。足黄褐色，散布小褐斑。腹部暗褐色，各节具黄边。翅透明，纵脉具深浅间断的脉纹，翅痣白色。

【习性】成虫、幼虫均为肉食性，捕食害虫，是多种农林害虫的重要天敌。成虫6—9月出现。幼虫在地面做漏斗形穴捕食小虫。

【国内分布】浙江、四川。

二、蝶角蛉科　**Ascalaphidae**

蝶角蛉 *Ascalohybris* sp.

【形态特征】体长30～35 mm，黑色。复眼分为上、下两半。前、后翅透明，发达；翅脉网状，痣下室短宽。触角锤状，末端膨大呈球棒状。

【习性】成虫飞行缓慢，在林间栖息或飞翔捕食昆虫；幼虫生活于植物表面或植株底部，捕食小型昆虫，并将猎物的残骸背负于身体。

【国内分布】浙江。

第十一节　蜻蜓目 Odonata

一、蜻科　Aeshnidae

黄蜻 *Pantala flavescens*

【形态特征】体长32～40 mm，红黄色。头顶中部隆起，后头褐色。前胸黑褐色，前叶上方和背板具白斑。合胸背前方红褐色。翅透明，红黄色；后翅臀区浅褐色。足黑色、腿节及前、中足胫节具黄纹。腹部红黄色，第1腹节背板具黄斑，第4～10背板具黑斑。

【习性】成虫产卵于水草茎叶表面，稚虫以水中的浮游生物及水生昆虫为食。成虫飞行能力较强、飞行速度快，在空中捕食小型昆虫，傍晚喜停歇于植物表面。

【国内分布】浙江、河北、江西、广西、云南、吉林、辽宁、北京、河南、山东、山西、陕西、甘肃、江苏、福建、安徽、广东、海南等。

二、细螅科 Coenagrionidae

橙尾细螅 *Agriocnemis pygmaea*

【形态特征】体长20~25 mm。胸部蓝绿色，具黑条纹。腹背黑色，腹面黄色，腹基和腹末蓝色。翅透明，翅痣黑色。未成熟雌虫胸部橙色，胸部白粉较少。

【习性】成虫生活于中、低海拔地区的静水池泽。

【国内分布】浙江、广东、香港、福建、台湾等。

三、螅科 Coenagrionidae

1. 褐斑异痣螅 *Ischnura senegalensis*

【形态特征】体长约30 mm。胸部青绿色并具黑色条纹；腹部背侧黑色，腹侧黄色，末端具水蓝色斑。部分雌成虫体色较淡且无蓝色斑。

【习性】常见于水田池塘边。

【国内分布】浙江、广东、福建、湖北、湖南、重庆、云南等。

2. 东亚异痣蟌 *Ischnura asiatica*

【形态特征】体长29～31 mm。合胸背前方黑色具1对细绿纹。腹背黑色，第9腹节蓝色。雌虫黄绿色，合胸背前方具1条宽黑带，腹背黑色，侧缘黄色。雄虫具单眼后色斑，翅痣双色。

【习性】栖息于挺水植物生长茂盛的池塘、湖泊旁。

【国内分布】浙江、北京、黑龙江、河北、河南、山西、山东、江苏、江西、广东等。

第十二节　缨翅目 Thysanoptera

管蓟马科　**Phlaeothripidae**

稻管蓟马 *Haplothrips aculeatus*（Fabricius）

【形态特征】体长约1.5 mm，头长于前胸。触角8节，第3～4节黄色。复眼后鬃、前胸鬃及翅基3根鬃尖锐。足暗棕色。前翅无色，中部收缩，端部钝圆，后缘具5～8根缨毛。腹部第10节管状。

【习性】成虫具有强烈的趋花习性，隐蔽性较强。

【国内分布】黑龙江、内蒙古、广东、广西、云南、台湾、四川、贵州、浙江等。

第十三节 蜱螨目 Acarina

一、绒螨科 Trombidiidae

小枕异绒螨 *Allothrombium pulvinum* Ewing

【形态特征】体长0.5～1.5 mm，深红色，密被细绒毛。前足体背面中央具盾板，盾板前部中央有棒状头脊，后部具1个骨化程度很高的三角形骨片，前方侧缘各具1个侧瓣。侧瓣较长，后端超过眼柄基部。中殖瓣和侧殖瓣各有1列细刚毛，中侧瓣上的刚毛多于侧殖瓣的刚毛。

【习性】成螨在土中度过烈夏，以成螨越冬。成螨、若螨爬行敏捷，扩散迅速，受惊后将足缩起跌落。喜在叶背活动。食物不足时有自残习性。

【国内分布】浙江、北京、山东、江苏、新疆等。

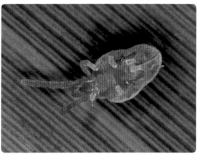

第十四节　蜘蛛目Araneae

一、圆蛛科　Araneidae

1. 黄斑鬼蛛 *Araneus ejusmodi*

【形态特征】体长5~8 mm。头胸部深褐色或黑褐色，腹背板褐色，腹部周边具黄褐色锯齿状斑。背中央具3个黄斑，第1个最大，后两个呈菱形且较小。步足褐色。雌蛛腹背具3列黄白纵斑，中列1个大圆斑和2个小菱形斑。腹侧黄白斑前后相连，形成成纵带，延伸至尾端。

【习性】分布于中、低海拔山区，喜草丛生境。结圆网，夜间出没，白天将网破坏躲藏于网边的巢穴。

【国内分布】浙江、江西、湖南、四川、山西、陕西、山东、河南等。

2. 园蛛 *Araneus* sp.

【形态特征】体长约20 mm，黑色。8个眼排成两列。前、后侧眼相接，着生于眼丘。4个中眼排成方形或梯形。

【习性】分布于低海拔山区，喜欢草丛环境，结圆网，夜间出没，白天躲藏在网边树叶所卷成的巢。

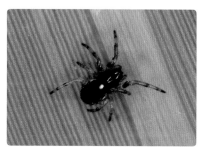

【国内分布】浙江、江西、湖南、四川、山西、陕西、山东、河南等。

二、蟹蛛科 Thomisidae

1. 三突伊氏蛛 *Ebrechtella tricuspidatus*

【形态特征】体长3~5 mm。背甲红褐色，两侧各具1条深褐色条纹，头胸部边缘深褐色。触肢器短小，末端似小圆镜，胫节外侧具1个指状突，顶端分叉，腹侧另具1个小突。雌蛛体绿、白或黄色。两眼列后曲，前侧眼较大、相接，心形斑长宽近等，前两对步足具3~4个齿。腹部梨形，前宽后窄，腹背斑纹多变。

【习性】在草丛或花瓣上守株待兔，捕捉猎物。不结网，游猎性，体色随环境改变。捕食范围很广，在植株上逐枝、逐叶、逐花进行搜索寻找和捕食昆虫。

【国内分布】浙江、湖南、广东、台湾、新疆、青海、内蒙古、吉林等。

2. 三角蟹蛛 *Thomisus* sp.

【形态特征】体长2.5~3 mm，头胸部暗褐色。腹部黄白色，呈梯形。足除股节外，其余各节暗褐色。眼域内黄褐色，边缘锐角状，斑型似三角形。

【习性】分布在中、低海拔山区，常栖息于花朵或茎枝等处，擅于利用环境隐藏等待猎物。

【国内分布】浙江。

三、肖蛸科 Tetragnathidae

1. 肖蛸 *Tetragnatha* sp.

【形态特征】腹部细长，呈长圆筒形；步足细长，多刺。8个单眼排成两列。螯肢长，前、后齿各具发达的齿，步足腿节上具1列听毛。无外雌器。

【习性】在植株间结大型水平圆网，以网捕食昆虫。白天静伏于叶背、网旁株，或停留于网中央。静止时前2对足向前伸，后面2对足向后伸，与细长的身体成直线。

【国内分布】全国各地。

2. 朱氏粗螯蛛 *Pachygnatha zhui*

【形态特征】雌蛛背板无凹陷，螯肢后齿堤的第1～2齿间距较宽；雄蛛触肢器的引导器端部钳形，副跗舟近端半部宽于远端半部。

【习性】生活于草丛。

【国内分布】浙江、吉林。

四、球蛛科 Theridiidae

腹蛛 *Coleosoma* sp.

【形态特征】背板白色或淡褐色，后列眼后至背板后缘间具1条黄褐色的宽纵带，颈沟及放射沟橙黄色，中窝圆形。前眼列后凹，后眼列稍前凹。

【习性】在农田、果园、林间植株底层的枝叶间结不规则网，捕食其他昆虫。

【国内分布】浙江、河北、山西、陕西、山东、江苏、湖南、湖北、四川、台湾、广西等。

五、盗蛛科 Pisauridae

狡蛛 *Dolomedes* sp.

【形态特征】体长约18 mm。全体黄褐色，头部两侧平行，头、胸部呈梨形，胸、腹部两侧均具1条黄白色纵带；纵带连续延伸而达腹部末端。眼排列呈2-4-2，第1列为前中眼，第2列为前侧眼及后中眼，第3列为后侧眼，前侧眼最小，后侧眼最大。

【习性】生活于山地灌木丛及农田。

【国内分布】浙江、四川。

第四章　节肢动物群落研究

通过多种调查方法（样线法、灯诱法、色板法、马氏网法、吸虫器法和性信息素法）相结合，对丽水市两个县域（缙云、景宁）农田节肢动物群落多样性调查、分析研究，廓清了丽水农田节肢动物群落组成特征，掌握了丽水农田节肢动物多样性空间分布格局和季节性动态变化，明确了影响农田节肢动物分布的主要环境因子并对丽水农田节肢动物的害虫为害期和天敌潜力进行评价，对后续利用农田自然天敌的控制进行害虫的有效防控研究奠定了基础。

第一节　物种组成与结构

通过丽水市缙云县茭白田间节肢动物采集调查，共获节肢动物标本9 636个，经室内种类鉴定（包括利用形态学、分子生物学等手段和方法），采获的节肢动物隶属昆虫纲和蛛形纲2纲8目28科42种（表4-1）。其中，昆虫纲6目25科39种：鞘翅目Coleoptera5科12种，鳞翅目Lepidoptera6科12种，双翅目Diptera7科8种，半翅目Hemiptera4科5种，膜翅目Hymenoptera1科1种，蜻蜓目Odonata1科1种，缨翅目Thysanoptera1科1种，蜘蛛目Araneae3

科3种。双翅目的蛾蚋科Psychodidae最为丰富，占总个体密度的31.79%，其次分别为摇蚊科Chironomidae和潜蝇科Agromyzidae，分别占总个体密度的23.91%。优势种为狭摇蚊*Stenochiromus sp.*、黄潜蝇*Chlorops sp.*和紫黑长角沼蝇*Sepedon violaceu*。

表4-1　景宁县、缙云县茭白田节肢动物群落比例比较

目	县域	科数	比例（%）	种数	比例（%）	个体数	比例（%）
鞘翅目	景宁	13	14.94	29	13.62	792	3.72
	缙云	5	17.86	12	28.57	1 694	17.58
鳞翅目	景宁	25	26.04	181	52.77	582	2.71
	缙云	6	21.43	11	26.19	143	1.48
双翅目	景宁	10	11.49	19	8.92	11 004	51.64
	缙云	7	25.00	8	19.05	7 141	74.11
半翅目	景宁	16	18.39	47	22.07	896	4.21
	缙云	4	14.29	5	11.90	62	0.64
膜翅目	景宁	9	10.34	37	17.37	7 938	37.26
	缙云	1	3.57	1	2.38	62	0.64
直翅目	景宁	7	8.05	8	3.76	60	0.28
	缙云	0	0.00	0	0.00	0	0.00
蜻蜓目	景宁	5	5.75	4	1.88	51	0.24
	缙云	1	3.57	1	2.38	16	0.17
缨翅目	景宁	1	1.15	1	0.47	25	0.12
	缙云	1	3.57	1	2.38	490	5.09

目	县域	科数	比例（%）	种数	比例（%）	个体数	比例（%）
啮虫目	景宁	1	1.15	3	1.41	17	0.08
	缙云	0	0.00	0	0.00	0	0.00
脉翅目	景宁	2	2.30	1	0.47	6	0.03
	缙云	0	0.00	0	0.00	0	0.00
广翅目	景宁	1	1.15	2	0.94	11	0.05
	缙云	0	0.00	0	0.00	0	0.00
蜘蛛目	景宁	5	5.75	10	4.69	57	0.27
	缙云	3	10.71	3	7.14	28	0.29
蜱螨目	景宁	1	1.15	1	0.47	4	0.02
	缙云	0	0.00	0	0.00	0	0.00
合计	景宁	96	77.42	343	89.10	21 436	68.99
	缙云	28	22.58	42	10.91	9 636	31.01

　　不同季节节肢动物群落结构差异显著，群落结构差异主要由龙虱科Dytiscidae、草螟科Crambidae、螟蛾科Pyralidae、猎蝽科Reduviidae、隐翅虫科Staphylinidae、食蚜蝇科Syrphidae、蛾蚋科Psychodidae等类群的数量变化所引起。根据在缙云茭白田的营养及取食关系，将上述节肢动物分为植食性、捕食性、寄生性、中性、腐食性和菌食性节肢动物6类。其中，茭白害虫13种，天敌（包括捕食性、寄生性、菌食性）21种，中性节肢动物1种（表6-2）。植食性昆虫占总数量的18.62%，捕食性节肢动物占总数量的20.36%，腐食性节肢动物占总数量的32.72%，中性昆虫占总数量的24.61%，菌食性昆虫占总数量的1.91%，寄生性数量最少，仅占总数量的1.75%。缙云县农田不同属性节肢动物比例如下图。

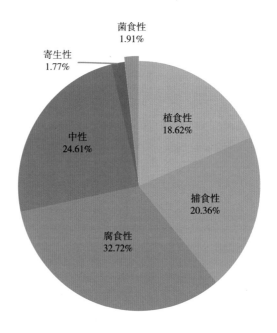

星斑蛾蚋*Psychoda* sp.、狭摇蚊*Stenochiromus* sp.和小黑突眼隐翅虫*Stenus melanarius*在整个茭白生长期发生量最大，分别为7 264头、5 463头和3 210头，占总数量的31.79%、23.91%和14.05%。黄潜蝇*Chlorops* sp.、灰龙虱*Eretes sticticis*、稻管蓟马*Haplothrips aculeatus*和锈菌瘿蚊*Mycodiplosis puccinivora*发生量次之，分别为2 701头、1 021头、937头和425头，占总数量的11.82%、4.47%、4.10%和1.86%。其他害虫零星发生。天敌主要是灰龙虱*E. sticticis*、小黑突眼隐翅虫 *S. melanarius*、青翅蚁形隐翅虫*Paederus fuscipes*、黑头猛寄蝇*Periscepsia carbonaria*、紫黑长角沼蝇*Sepedon violaceus*和各类瓢虫。中性昆虫仅1种，即狭摇蚊*Stenochiromus* sp.（表6-2）。

通过丽水市景宁县茭白田间节肢动物采集调查，共获节肢动物标本21 436个，经室内种类鉴定（包括利用形态学、分子生物学等手段和方法），上述采获的节肢动物共有2纲13目88科329种（表6-1，表6-3），隶属昆虫纲和蛛形纲。其中，昆虫纲12目84科306种：鞘翅目Coleoptera13科29种，鳞翅目Lepidoptera25科181种，双翅目Diptera10科19种，半翅目Hemiptera16科47种，膜翅目Hymenoptera9科37种，直翅目Orthoptera7科8种，蜻蜓目Odonata5科4种，缨翅目Thysanoptera1科1种，啮虫目Corrodentia1科3种，脉翅目Neuroptera2科4种，广翅目Megaloptera1科2种，蜘蛛目Araneae5科11种，蜱螨目Acarina1科1种。

双翅目的黄潜蝇科Chloropidae最为丰富，占总个体密度的33.74%，其次分别为摇蚊科Chironomidae和沼蝇科Sciomyzidae，分别占总个体密度的8.71%和4.39%。不同季节节肢动物群落结构差异显著，群落结构差异主要由萤科Lampyridae、叶蝉科Cicadellidae、飞虱科Delphacidae、茧蜂科Braconidae、姬蜂科Ichneumonidae、实蝇科Tephritidae、草螟科Crambidae、长蝽科Lygaeidae、蝽科Pentatomidae、瓢虫科Coccinellidae、叶甲科Chrysomelidae、食蚜蝇科Syrphidae等类群的数量变化所引起。

根据在茭白田的营养及取食关系，将上述节肢动物分为植食性、捕食性、寄生性、中性、腐食性、菌食性节肢动物6类（图6-2）。其中，茭白害虫75种，天敌70种（包括捕食性、寄生性、菌食性），中性节肢动物5种，腐食性节肢动物2种（表6-3，图6-2）。植食性昆虫数量最多，占总数量的65.98%，寄生性昆虫数量次之，仅占总数量的14.95%。捕食性节肢动物占总数量的3.56%，中性昆虫占总数量的14.58%，菌食性昆虫占总数量的0.86%，腐食性节肢动物数量最少，仅占总数量的0.06%。景宁县农田不同属性节肢动物比例如下图。

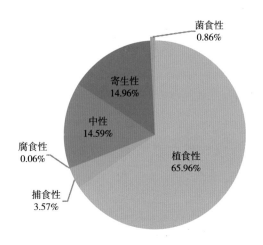

黄潜蝇*Chlorops* sp.、狭摇蚊*Stenochiromus* sp.和紫黑长角沼蝇*Sepedon violaceus*在整个茭白生长期发生量最大，分别为头7 189头、1 855头和935头，占总数量的33.74%、8.71%和4.39%。黑头猛寄蝇*Periscepsia carbonaria*、玉米螟厉寄蝇*Lydella grisescens*、茶毛虫绒茧蜂*Apanteles lacteicolor*的发生量次之，分别为283头、193头和160头，占总数量的1.33%、0.90%和0.75%。总之，茭白田节肢动物组成中，中性昆虫虽种类很少，但在个体数量上占比最高（尤其是狭摇蚊*Stenochiromus* sp.），植食性害虫在种类上较天敌数量大。

表6-2　缙云县茭白田节肢动物群落物种组成及分类

目	科	种	属性
鞘翅目	龙虱科Dytiscidae	灰龙虱*Eretes sticticis*	捕食性
	长蠹科Bostrychidae	竹长蠹*Dinoderus minutus*	植食性
	隐翅虫科Staphylinidae	小黑突眼隐翅虫*Stenus melanarius*	捕食性
		青翅蚁形隐翅虫*Paederus fuscipes*	捕食性

目	科	种	属性
鞘翅目	瓢虫科Coccinellidae	四斑裸瓢虫*Calvia*（*eocaria*）*muiri*	捕食性
		四星瓢虫*Hyperaspis repensis*	捕食性
		十三星瓢虫*Hippodamia tredecimpunctata*	捕食性
		北京（玉米）龟纹瓢虫*Propylaea japonica*	捕食性
		二星瓢虫*Adalia bipunctata*	捕食性
		龟纹瓢虫*Propylaea japonica*	捕食性
		河南灵宝异色瓢虫*Harmonia axyridis*	捕食性
	叶甲科Chrysomelidae	黄曲条跳甲*Phyllotreta striolata*	植食性
鳞翅目	草螟科Crambidae	稻纵卷叶螟*Cnaphalocrocis medinalis*	植食性
		二化螟*Chilo suppressalis*	植食性
		大螟*Sesamia inferens*	植食性
	螟蛾科Pyralidae	豆荚野螟 *Maruca testulalis*	植食性
		黄杨绢野螟*Diaphania perspectalis*	植食性
	天蛾科Sphingidae	大背天蛾*Meganoton analis*	植食性
		灰天蛾*Acosmerycoides leucocraspis*	植食性
		斜纹天蛾*Theretra clotho*	植食性
		松黑天蛾*Sphinx caligineus* sinicus	植食性
	凤蝶科Papilionidae	柑橘凤蝶*Papilio xuthus*	植食性
	弄蝶科Hesperiidae	稻弄蝶*Parnara guttata*	植食性
	灰蝶科Lycaenidae	亮灰蝶*Lampides boeticus*	植食性

目	科	种	属性
双翅目	摇蚊科Chironomidae	狭摇蚊*Stenochiromus* sp.	中性
	寄蝇科Tachinidae	黑头猛寄蝇*Periscepsia carbonaria*	寄生性
	潜蝇科Agromyzidae	黄潜蝇*Chlorops* sp.	植食性
	瘿蚊科Cecidomyiidae	锈菌瘿蚊*Mycodiplosis puccinivora*	菌食性
	蛾蚋科Psychodidae	星斑蛾蚋*Psychoda* sp.	腐食性
	沼蝇科Sciomyzidae	紫黑长角沼蝇*Sepedon violaceus*	寄生性
	食蚜蝇科Syrphidae	黑带蚜蝇*Episyrphus balteatus*	捕食性
半翅目	猎蝽科Reduviidae	黄足猎蝽*Sirthenea flavipes*	捕食性
	长蝽科Lygaeidae	黄色小长蝽*Nysius inconspicus*	植食性
		小长蝽*Nysius* sp.	植食性
	花蝽科Anthocoridae	小花蝽*Orius similis*	捕食性
	叶蝉科Cicadellidae	大青叶蝉*Cicadella viridis*	植食性
膜翅目	跳小蜂科Encyrtidae	蚜虫跳小蜂*Aphidencyrtus aphidivorus*	寄生性
蜻蜓目	蟌科Coenagrionidae	东亚异痣蟌*Ischnura asiatica*	捕食性
缨翅目	管蓟马科Phlaeothripidae	稻管蓟马*Haplothrips aculeatus*	植食性
蜘蛛目	圆蛛科Araneidae	园蛛*Araneus* sp.	捕食性
	蟹蛛科Thomisidae	三突伊氏蛛*Ebrechtella tricuspidatus*	捕食性
	圆蛛科Araneidae	黄斑鬼蛛*Araneus ejusmodi*	捕食性

表6-3　景宁县茭白田节肢动物群落物种组成及分类

目	科	种	属性
鞘翅目	萤科Lampyridae	大端黑萤*Luciola anceyi*	捕食性
	瓢虫科Coccinellidae	黑背毛瓢虫*Scymnus*（*neopullus*）*babai*	捕食性
		黑襟毛瓢虫*Scymnus*（*Neopullus*）*hoffmanni*	捕食性
		黑背小瓢虫*Scymnus*（*Pullus*）*kawamvrai*	捕食性
		方斑瓢虫*Propylaea quatuordecimpunctata*	捕食性
		四星瓢虫*Hyperaspis repensis*	捕食性
		龟纹瓢虫*Propylaea japonica*	捕食性
		六斑月瓢虫*Menochilus sexmaculata*	捕食性
		六斑显盾瓢虫*Hyperaspis gyotokui*	捕食性
		狭臀瓢虫*Coccinella transversalis*	捕食性
		四斑裸瓢虫*Calvia*（*eocaria*）*muiri*	捕食性
		吉林（玉米）龟纹瓢虫 *Propylaea japonica*	捕食性
	叶甲科Chrysomelidae	黄曲条跳甲*Phyllotreta striolata*	植食性
		黑额光叶甲*Smaragdina nigrifrons*	植食性
		双斑萤叶甲*Monolepta hieroglyphica*	植食性
		丽鞘甘薯叶甲*Colasposoma dauricum*	植食性
	肖叶甲科Eumolpidae	甘薯叶甲*Colasposoma dauricum*	植食性
	步甲科Carabidae	长颈步甲*Colliuris* sp.	捕食性

目	科	种	属性
鞘翅目	步甲科Carabidae	红胸蜩步甲*Dolichus halensis*	捕食性
		屁步甲*Pheropsophus jessoensis*	捕食性
	隐翅虫科Staphylinidae	青翅蚁形隐翅虫*Paederus fuscipes*	捕食性
	金龟科Scarabaeidae	鳃金龟*Holotrichia* sp.	植食性
	豆象科Bruchidae	四纹豆象*Callosobruchus maculatus*	植食性
	象甲科Curculionidae	山茶象*Curculio chinensis*	植食性
	金花虫科 Chrysomelidae	筒金花虫*Cryptocephalus* sp.	植食性
		拟金花虫*Cerogria* sp.	植食性
	锹甲科Lucanidae	泥圆翅锹*Neolucanus* sp.	腐食性
	叩甲科Elateridae	筛胸梳爪叩甲*Melanotus cribricolls*	植食性
	铁甲科Hispidae	甘薯蜡龟甲*Laccoptera guadrimaculata*	植食性
鳞翅目	草螟科Crambidae	二化螟*Chilo suppressalis*	植食性
		稻纵卷叶螟*Cnaphalocrocis medinalis*	植食性
		大螟*Sesamia inferens*	植食性
		小筒水螟*Parapoynx diminutalis*	植食性
	螟蛾科Pyralidae	苍白蛀果斑螟*Assara pallidella*	植食性
		褐萍水螟*Elophila turbata*	植食性
		条纹草螟*Crambus virgatellus*	植食性
		黄纹银草螟*Pseudargyria interruptella*	植食性
		甜菜青野螟*Spoladea recurvalis*	植食性

（续表）

目	科	种	属性
鳞翅目	螟蛾科Pyralidae	黄纹髓草螟*Calamotropha paludella*	植食性
		曲纹卷叶野螟*Syllepte segnalis*	植食性
		盐肤木瘤丛螟*Orthaga euadrusalis*	植食性
		斑点卷叶野螟*Sylepta maculalis*	植食性
		豆荚野螟*Maruca testulalis*	植食性
		尖须巢螟*Hypsopygia racilialis*	植食性
		稻巢草螟*Ancylolomia japonica*	植食性
		桃蛀螟*Conogethes punctiferalis*	植食性
		双纹绢丝野螟*Glyphodes duplicalis*	植食性
		榄绿岐角螟*Endotricha olivacealis*	植食性
		伊水螟*Bradina erilitodas*	植食性
		卡氏果蛀野螟*Thliptoceras caradjai*	植食性
		褐纹翅野螟*Diasemia accalis*	植食性
		竹弯茎野螟*Crypsiptyan coclesalis*	植食性
		黄翅双叉端环野螟*Eumorphobotys eumorphali*	植食性
		双斑伸喙野螟*Mecyna dissipatalis*	植食性
		指状细突野螟*Ecpyrrhorrhoe digitaliformis*	植食性
		黑点蚀叶野螟*Lamprosema commixta*	植食性
		白带网丛螟*Teliphasa albifusa*	植食性
		马鞭草带斑螟*Coleothrix confusalis*	植食性
		黑线塘水螟*Elophila nigrolinealis*	植食性

（续表）

目	科	种	属性
		土苔蛾*Eilema* sp. 3	植食性
		微苔蛾*Micronoctua occi*	植食性
		蛛雪苔蛾*Cyana ariadne*	植食性
		锈斑雪苔蛾*Cyana effracta*	植食性
		条纹艳苔蛾*Asura strigipennis*	植食性
		淡白瑟土苔蛾*Cernyia usuguronis*	植食性
		土苔蛾*Eilema* sp.1	植食性
		中华赫苔蛾*Hoenia sinensis*	植食性
		荷苔蛾*Ghoria* sp.	植食性
		十字美苔蛾*Mitochrista cruciata*	植食性
		全黄荷苔蛾*Ghoria holochrea*	植食性
鳞翅目	灯蛾科Arctiidae	日土苔蛾*Eilema japonica*	植食性
		灰土苔蛾*Eilema griseola*	植食性
		土苔蛾*Eilema* sp.2	植食性
		乌闪网苔蛾*Macrobrochis staudingeri*	植食性
		全黄华苔蛾*Agylla holochrea*	植食性
		朱美苔蛾*Barsine pulchra*	植食性
		线蓝苔蛾*Barsine linga*	植食性
		白黑瓦苔蛾*Vamuna ramelana*	植食性
		双分苔蛾*Hesudra divisa*	植食性
		点清苔蛾*Apistosia subnigra*	植食性
		人纹污灯蛾*Spilarctia subcarnea*	植食性

目	科	种	属性
鳞翅目	灯蛾科Arctiidae	大丽灯蛾*Aglaomorpha histrio histrio*	植食性
		尘污灯蛾*Spilarctia obliqua*	植食性
		洁白雪灯蛾*Chionarctia pura*	植食性
		黑须污灯蛾*Spilarctia casigneta*	植食性
		姬白污灯蛾*Spilarctia rhoclophila*	植食性
		黄星雪灯蛾*Spilosoma lubricipedum*	植食性
		望灯蛾*Lemyra* sp.	植食性
		峨眉东灯蛾*Eospilarctia pauper*	植食性
	夜蛾科Noctuidae	条拟胸须夜蛾*Bertula spacoalis*	植食性
		嘴壶夜蛾*Oraesia emarginata*	植食性
		楞亥夜蛾*Hydrillodes lentalis*	植食性
		后案秘夜蛾*Mythimna postica*	植食性
		黏夜蛾*Leucania* sp.	植食性
		胸须夜蛾*Cidariplura gladiata*	植食性
		剑纹夜蛾*Acronicta* sp.	植食性
		小藓夜蛾*Cryphia minutissima*	植食性
		弧角散纹夜蛾*Callopistria duplicans*	植食性
		厚角夜蛾*Hadennia nakatanii*	植食性
		斜纹夜蛾*Spodoptera litura*	植食性
		金掌夜蛾*Tiracola aureata*	植食性
		白线尖须夜蛾*Bleptina albolinealis*	植食性
		黑点贫夜蛾*Simplicia rectalis*	植食性

目	科	种	属性
鳞翅目	夜蛾科Noctuidae	尖裙夜蛾Crithote horridipes	植食性
		角镰须夜蛾Polypogon angulina	植食性
		灰肩耙夜蛾Bagada poliomera	植食性
		阴耳夜蛾Ercheia umbrosa	植食性
		白点朋闪夜蛾Hypersypnoides astrigera	植食性
		锯带疖夜蛾Adrapsa quadrilinealis	植食性
		中桥夜蛾Anomis mesogona	植食性
		红晕散纹夜蛾Callopistria repleta	植食性
		黄镰须夜蛾Zanclognatha helva	植食性
		菊孔达夜蛾Condate purpurea	植食性
		曲秘夜蛾Mythimna sinuosa	植食性
		霉巾夜蛾Parallelia maturata	植食性
		白斑烦夜蛾Aedia leucomelas	植食性
		柿癣皮夜蛾Blenina senex	植食性
		沟翅夜蛾Hypospila bolinoides	植食性
		辐秘夜蛾Mythimna radiata	植食性
		润研夜蛾Aletia subplacida	植食性
		赭尾歹夜蛾Diarsia ruficauda	植食性
		中影单趾夜蛾Hipoepa fractalis	植食性
		合丝冬夜蛾Bombyciella sericea	植食性
		白点粘夜蛾Leucania loreyi	植食性

目	科	种	属性
鳞翅目	夜蛾科Noctuidae	梳灰翅夜蛾*Spodoptera pecten*	植食性
		斜线关夜蛾*Artena dotata*	植食性
		易点夜蛾*Condica illecta*	植食性
		间纹炫夜蛾*Actinotia intermediata*	植食性
		倭委夜蛾*Athetis stellata*	植食性
		秘夜蛾*Mythimna* sp.	植食性
		珠纹夜蛾*Erythroplusia rutilifrons*	植食性
		疖夜蛾*Adrapsa ablualis*	植食性
		角斑畸夜蛾*Bocula bifaria*	植食性
		红尺夜蛾*Dierna timandra*	植食性
		日月明夜蛾*Sphragifera biplagiata*	植食性
		曲线贫夜蛾*Simplicia niphona*	植食性
		白线尖须夜蛾*Bleptina albolinealis*	植食性
		毛尖裙夜蛾*Crithote prominens*	植食性
		灰肩耙夜蛾*Bagada poliomera*	植食性
		清绢夜蛾*Rivula aequalis*	植食性
		枥长须夜蛾*Herminia grisealis*	植食性
	天蛾科Sphingidae	白薯天蛾*Agrius convolvuli*	植食性
		松黑天蛾*Sphinx caligineus sinicus*	植食性
		构月天蛾*Parum colligata*	植食性
		大背天蛾*Meganoton analis*	植食性
		斜纹天蛾*Theretra clotho*	植食性

目	科	种	属性
鳞翅目	天蛾科Sphingidae	灰天蛾*Acosmerycoides leucocraspis*	植食性
		洋槐天蛾*Clanis deucalion*	植食性
		圆斑鹰翅天蛾*Ambulyx semiplacida*	植食性
	尺蛾科Geometridae	花边灰姬尺蛾*Scopula propinquaria*	植食性
		原雕尺蛾*Protoboarmia simpliciaria*	植食性
		木橑尺蛾*Biston panterinaria*	植食性
		绿翅茶斑尺蛾*Tanaoctenia haliaria*	植食性
		玻璃尺蛾*Krananda semihyalinata*	植食性
		襟霜尺蛾*Cleora fraterna*	植食性
		云辉尺蛾*Luxiaria amasa*	植食性
		凸翅小盅尺蛾*Microcalicha melanosticta*	植食性
		尼泊尔璃尺蛾*Krananda nepalensis*	植食性
		对白尺蛾*Asthena undulata*	植食性
		襟霜尺蛾*Cleora fraterna*	植食性
		小用克尺蛾*Jankowskia fuscaria*	植食性
		斜双线尺蛾*Calletaera obliquata*	植食性
		鹿尺蛾*Alcis* sp.	植食性
		贡尺蛾*Gonodontis aurata*	植食性
		四点蚀尺蛾*Hypochrosis rufescens*	植食性
		黄玫隐尺蛾*Heterolocha subroseata*	植食性
		宏方尺蛾*Chorodna creataria*	植食性

目	科	种	属性
鳞翅目	尺蛾科Geometridae	隐折线尺蛾*Ecliptopera haplocrossa*	植食性
		刮纹玉臂尺蛾*Xandrames latiferaria*	植食性
		黄玫隐尺蛾*Heterolocha subroseata*	植食性
		乌涤尺蛾*Dysstroma tenebricosa*	植食性
	毒蛾科Lymantriidae	戟盗毒蛾*Porthesia kurosawai*	植食性
		折带黄毒蛾*Euproctis flava*	植食性
		戟盗毒蛾*Porthesia kurosawai*	植食性
		肾毒蛾*Cifuna locuples*	植食性
		点足毒蛾*Redoa* sp.	植食性
		豆盗毒蛾*Porthesia piperita*	植食性
		直角点足毒蛾*Redoa anserella*	植食性
		鹅点足毒蛾*Redoa anser*	植食性
		茶茸毒蛾*Dasychira baibarana*	植食性
		黄羽毒蛾*Pida strigipennis*	植食性
		台湾黄毒蛾*Porthesia taiwana*	植食性
		皎星黄毒蛾*Euproctis bimaculata*	植食性
	灰蝶科Lycaenidae	亮灰蝶*Lampides boeticus*	植食性
	弄蝶科Hesperiidae	直纹稻弄蝶*Parnara guttata*	植食性
	枯叶蛾科 Lasiocampidae	松小毛虫*Cosmotriche inexperta*	植食性
		马尾松毛虫*Dendrolimus punctatus*	植食性
		二顶斑枯叶蛾*Odontocraspis hasora*	植食性
		栎黄枯叶蛾*Trabala vishnou*	植食性

（续表）

目	科	种	属性
鳞翅目	枯叶蛾科 Lasiocampidae	黄山松毛虫*Dendrolimus marmorayus*	植食性
		思茅松毛虫*Dendrolimus kikuchii*	植食性
	潜蛾科Lyonetiidae	桃潜叶蛾*Lyonetia clerkella*	植食性
	蚕蛾科Bombycidae	野桑蚕*Bombyx mandarina*	植食性
	大蚕蛾科Saturniidae	长尾大蚕蛾*Actias dubernardi*	植食性
	舟蛾科Notodontidae	安拟皮舟蛾*Mimopydna anaemica*	植食性
		栎纷舟蛾*Fentonia ocypete*	植食性
		梭舟蛾*Netria viridescens*	植食性
		竹箩舟蛾*Besaia goddrica*	植食性
		白斑胯舟蛾*Syntypistis comatus*	植食性
	麦蛾科Gelechiidae	端刺棕麦蛾*Dichomeris apicispina*	植食性
		麦蛾*Sitotroga cerealella*	植食性
	瘤蛾科Nolidae	栎点瘤蛾*Nola confusalis*	植食性
	桦蛾科Endromididae	一点钩翅蚕蛾*Mustilia hapatica*	植食性
	钩蛾科Drepanidae	广东豆点丽钩蛾*Callidrepana gemina curta*	植食性
		伯黑缘黄钩蛾*Tridrepana unispina*	植食性
		哑铃带钩蛾*Macrocilix mysticata*	植食性
		接骨木山钩蛾*Oreta loochooana*	植食性
	巢蛾科Yponomeutidae	庐山小白巢蛾*Thecobathra sororiata*	植食性
	卷蛾科Tortricidae	黄卷蛾*Archips* sp.	植食性
		葡萄花翅小卷蛾*Lobesia botrana*	植食性

目	科	种	属性
鳞翅目	卷蛾科Tortricidae	黑痣小卷蛾属*Rhopobota* sp.	植食性
		梅花小卷蛾*Olethreutes dolosana*	植食性
		天目山黄卷蛾*Archips compitalis*	植食性
		环针单纹卷蛾*Eupoecilia ambiguella*	植食性
	鞘蛾科Coleophoridae	遮颜蛾*Blastobasis edentula*	植食性
		角壮鞘蛾*Coleophora nomgona*	植食性
	辉蛾科Hieroxestidae	东方扁蛾*Opogona nipponica*	植食性
	谷蛾科Tineidae	梯纹白斑谷蛾*Monopis monachella*	植食性
	织蛾科Oecophoridae	丽展足蛾*Stathmopoda callopis*	植食性
	祝蛾科Lecithoceridae	灰白槐祝蛾*Sarisophora cerussata*	植食性
	刺蛾科Limacodidae	双齿绿刺蛾*Parasa hilarata*	植食性
双翅目	摇蚊科Chironomidae	狭摇蚊*Stenochiromus* sp.	中性
	沼蝇科Sciomyzidae	紫黑长角沼蝇*Sepedon violaceus*	寄生性
	寄蝇科Tachinidae	玉米螟厉寄蝇*Lydella grisescens*	寄生性
		黑头猛寄蝇*Periscepsia carbonaria*	寄生性
		鹬寄蝇*Eophyllophila* sp.	寄生性
	沼大蚊科Limoniidae	露毛康大蚊*Conosia irrorata*	中性
		拟大蚊*Limnophila* sp.	中性
	食蚜蝇科Syrphidae	宽跗蚜蝇*Platycheirus* sp.	捕食性
		墨管蚜蝇*Mesembriu* sp.	捕食性
		条胸蚜蝇*Helophilus* sp.	捕食性
		东方墨蚜蝇*Melanostoma orientale*	捕食性

（续表）

目	科	种	属性
双翅目	食蚜蝇科Syrphidae	黑带蚜蝇*Episyrphus balteatus*	捕食性
		黄短喙蚜蝇*Rhinotropidia rostrate*	捕食性
		细腹蚜蝇*Sphaerophoria* sp.	捕食性
	实蝇科Tephritidae	瓜实蝇*Bactrocera* sp.	植食性
	缟蝇科Lauxaniidae	缟蝇*Homoneura* sp.1	腐食性
		缟蝇*Pachycerina* sp.2	腐食性
		缟蝇*Pachycerina* sp.3	腐食性
	黄潜蝇科Chloropidae	黄潜蝇*Chlorops* sp.	植食性
	瘿蚊科Cecidomyiidae	锈菌瘿蚊*Mycodiplosis puccinivora*	菌食性
半翅目	长蝽科Lygaeidae	黄色小长蝽*Nysius inconspicus*	植食性
		小长蝽*Nysius* sp.	植食性
		东亚毛肩长蝽*Neolethaeus dallasi*	植食性
		短翅迅足长蝽*Metochus abbreviates*	植食性
		淡翅迅足长蝽*Metochus uniguttatus*	植食性
	蝽科Pentatomidae	青蝽*Glaucias subpunctatus*	植食性
		稻绿蝽*Nezara viridula*	植食性
		斑须蝽*Dolycoris baccarum*	植食性
		二星蝽*Eysarcoris guttiger*	植食性
		珀蝽*Plautia fimbriata*	植食性
		蜀敌蝽*Arma chinensis*	植食性
		凹肩辉蝽*Carbula sinica*	植食性
		稻黑蝽*Scotinophara lurida*	植食性

目	科	种	属性
半翅目	蝽科Pentatomidae	中华岱蝽*Dalpada cinctipes*	植食性
		紫兰曼蝽*Menida violacea*	植食性
		茶翅蝽*Halyomorpha halys*	植食性
	盲蝽科Miridae	赤须盲蝽*Trigonotylus ruficornis*	植食性
		带纹苜蓿盲蝽*Adelphocoris taeniophorus*	植食性
		绿盲蝽*Apolygus lucorμm*	植食性
		丽盲蝽*Neolygus* sp.1	植食性
		丽盲蝽*Neolygus* sp.2	植食性
	缘蝽科Coreidae	稻棘缘蝽*Cletus punctiger*	植食性
		条蜂缘蝽*Riptortus linearis*	植食性
	缘蝽科Coreidae	点蜂缘蝽*Riptortus pedestris*	植食性
	细缘蝽科Alydidae	大稻缘蝽*Leptocorisa oratorius*	植食性
	猎蝽科Reduviidae	赤猎蝽*Haematoloecha* sp.	捕食性
		白斑素猎蝽*Epidaus famulus*	捕食性
		黄足猎蝽*Sirthenea flavipes*	捕食性
	花蝽科Anthocoridae	微小花蝽*Orius minutus*	捕食性
		小花蝽*Orius similis*	捕食性
	网蝽科Tingidae	悬铃木方翅网蝽*Corythucha ciliate*	植食性
	红蝽科Pyrrhocoridae	突背斑红蝽*Physopelta gutta*	植食性
	龟蝽科Plataspidae	龟蝽*Megacopta* sp.	植食性
	叶蝉科Cicadellidae	白边大叶蝉*Tettigoniella albomarginata*	植食性

目	科	种	属性
半翅目	叶蝉科Cicadellidae	菱纹叶蝉*Hishmonus sellatus*	植食性
		小绿叶蝉*Empoasca flavescens*	植食性
		假眼小绿叶蝉*Empoasca vitis*	植食性
		橙带突额叶蝉*Gunungidia aurantiifasciata*	植食性
		大青叶蝉*Cicadella viridis*	植食性
	沫蝉科Cercopidae	斑带丽沫蝉*Cosmoscanta bispecularis*	植食性
	飞虱科Delphacidae	褐飞虱*Nilaparvata lugens*	植食性
		灰飞虱*Laodelphax striatellus*	植食性
		长绿飞虱*Saccharosydne procerus*	植食性
		白背飞虱*Sogatella furcifera*	植食性
		连脊淡背飞虱*Sogatellana costata*	植食性
	菱蜡蝉科Cixiidae	菱蜡蝉*Cixiidae* sp.	植食性
	扁蜡蝉科Tropiduchidae	红线带扁蜡蝉*Catullioides rubrolineata*	植食性
膜翅目	茧蜂科Braconidae	绒茧蜂*Apanteles* sp.	寄生性
	姬蜂科Ichneumonidae	叶螟钝唇姬蜂*Eriborus vulgaris*	寄生性
		姬蜂*Ichneumon* sp.	寄生性
	姬蜂科Ichneumonidae	黑斑细颚姬蜂*Enicospilus melanocarpus*	寄生性
		后唇姬蜂*Phaeogenes* sp.	寄生性
	缘腹细蜂科Scelionidae	等腹黑卵蜂*Telenomus dignus*	寄生性
	泥蜂科Sphecidae	黑泥蜂*Cheylteus eruditus*	捕食性

目	科	种	属性
膜翅目	蚁科Formicidae	日本弓背蚁*Camponotus japonicus*	捕食性
		猛蚁*Brachyponera* sp.	捕食性
	蜜蜂科Apidae	黄芦蜂*Ceratina Ceratinidia flavipes*	中性
		中华蜜蜂*Apis cerana*	中性
直翅目	蟋蟀科Gryllidae	亮褐异针蟋*Pteronemobius nitidus*	植食性
		日本钟蟋*Meloimorpha japonica*	植食性
		小悍蟋*Svercacheta siamensis*	植食性
		黑脸油葫芦*Teleogryllus occipitalis*	植食性
	露螽科Phaneropteridae	端尖斜缘露螽*Deflorita apicalis*	植食性
	蝼蛄科Grylloidea	东方蝼蛄*Gryllotalpa orientalis*	植食性
	刺翼蚱科Scelimenidae	突眼优角蚱*Eucriotettix oculatus*	植食性
缨翅目	管蓟马科 Phlaeothripidae	稻管蓟马*Haplothrips aculeatus*	植食性
蜻蜓目	螅科Coenagrionidae	东亚异痣螅*Ischnura asiatica*	捕食性
		褐斑异痣螅*Ischnura senegalensis*	捕食性
	细螅科Coenagrionidae	橙尾细螅*Agriocnemis pygmaea*	捕食性
蜻蜓目	蜓科Aeshnidae	异色灰蜻*Orthetrum triangulare*	捕食性
啮虫目	啮虫科Psocidae	茶啮虫*Psocus taprobanes*	植食性
		黑细茶啮虫*Stenopsocus niger*	植食性
		黑须茶啮虫*Stigmatoneura singularis*	植食性
脉翅目	蝶角蛉科Ascalaphidae	蝶角蛉*Ascalohybris* sp.	捕食性
	蚁蛉科Myrmeleontidae	白云蚁蛉*Glenuroides japonicus*	捕食性

（续表）

目	科	种	属性
广翅目	齿蛉科Corydalidae	花边星齿蛉*Protohermes costalis*	捕食性
		中华斑鱼蛉*Neochauliodes sinensis*	捕食性
蜘蛛目	圆蛛科Araneidae	黄斑鬼蛛*Araneus ejusmodi*	捕食性
		园蛛*Araneus* sp.	捕食性
	蟹蛛科Thomisidae	三突伊氏蛛*Ebrechtella tricuspidatus*	捕食性
		伊氏蛛*Ebrechtell* sp.	捕食性
		三角蟹蛛*Thomisus* sp.	捕食性
	盗蛛科Pisauridae	狡蛛*Dolomedes* sp.	捕食性
	肖蛸科Tetragnathidae	肖蛸*Tetragnatha* sp.1	捕食性
		肖蛸*Tetragnatha* sp.2	捕食性
		朱氏粗螯蛛*Pachygnatha zhui*	捕食性
	球蛛科Theridiidae	腹蛛*Coleosoma* sp.	捕食性
蜱螨目	绒螨科Trombidiidae	小枕异绒螨*Allothrombium pulvinum*	捕食性

第二节　群落多样性评价

　　群落的多样性指数、丰富度指数、均匀度指数是评价物种群落变化的重要指标，可在一定程度上反映群落的生态环境质量状况，可用来评价农田生态系统的健康程度。本次调查从季节水平、季节气候、农事活动等角度，解析节肢动物的群落结构变化的规律。

在缙云、景宁两个县域的农田，整个调查期内物种Shannon-Wiener多样性指数表现为"先上升，后下降，再上升，又下降"的趋势。然而，物种Margalef丰富度指数和Pielou均匀度指数的变化趋势与物种多样性指数变化趋势存在一定差异。缙云县农田物种丰富度指数表现为"平稳上升、下降、再下降"的趋势；景宁县农田物种丰富度指数呈现"先升、后降、再下降"趋势。在缙云县农田，均匀度指数呈现"上升—下降"的趋势；在景宁县农田，物种均匀度指数呈现"下降—平稳—上升"趋势。

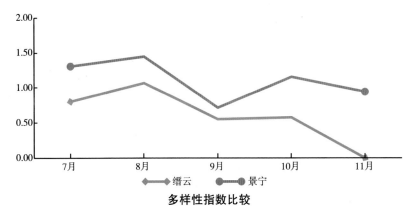

多样性指数比较

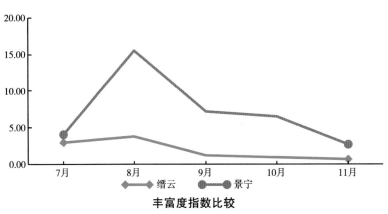

丰富度指数比较

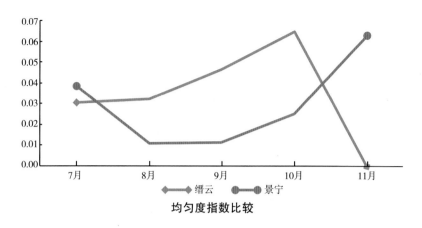

均匀度指数比较

　　两个县域物种的3个指数出现以上情形，主要是以下原因导致：在缙云县域，茭白移栽初期，各类节肢动物暂时还未迁入茭白田，随着季节变化及茭白生长，茭白田生态系统中物种数逐渐增加，7月底至8月底旬达到最高，物种多样性和丰富度均达到最高，均匀度也处在不断升高阶段，是群落物种最丰富的时期。但因在茭白生长期频繁从事施肥、间苗、喷药等农事操作，导致9月中旬茭白田物种多样性和均匀度最低。茭白采收后期，农事操作少，物种多样性又随着茭白田的管理变化而变化，物种数回升后，生物多样性和均匀性又升高。11月，因茭白采收完成，加上气候逐渐变冷、干燥，物种的物种多样性、均匀度和丰富度均降到最低。

　　值得一提的是，在景宁县域，调查期间，因茭白植株已度过移栽期和施肥期，加上凉爽、微风的气候，茭白植株的病害较少，进而降低或避免了施药防病的操作。7—8月气候早晚凉爽、白天湿热多雨，适合节肢动物不同种类的生长、生殖和繁衍。但因茭白采收始于7月底，大规模采收集中于8—9月，期间因大规模采收茭白等频繁的农事活动，导致物种多样性、均匀度和丰富度急剧降低。

群落的多样性指数、丰富度指数、均匀度指数、优势度指数是评价物种群落变化的重要指标，在一定程度上反映群落的生态环境质量状况，可用来评价农田生态系统的健康程度。本次调查在物种水平、结合海拔、季节气候、农事活动及周边生境，解析节肢动物的群落结构变化的规律。

选取常见昆虫5个目为研究对象，进行物种多样性分析，结果表明，景宁县半翅目昆虫的Shannon-Wiener多样性指数（H'）最高，为3.340 8；其次为鳞翅目和鞘翅目，分别是2.937 3和2.248 7，双翅目的最低，为1.209 6。Margalef丰富度指数（R）显示种类数和个体数最多的是鳞翅目，其次为半翅目和鞘翅目，分别为8.178 4、6.766 8和4.195 0。Pielou均匀度指数（E）最大的是半翅目，其次为鳞翅目和膜翅目，分别为0.867 7、0.747 1和0.716 3。Simpson的优势度指数（C）在双翅目昆虫中最高，为0.463 8，其次为鞘翅目和膜翅目，分别为0.178 8和0.156 4。综合上述分析显示，半翅目的多样性最好，在整个节肢动物群落组成的多样性中起着重要作用。双翅目物种的集中度高于其他目昆虫（表6-4）。

表6-4　缙云县、景宁县农田主要目昆虫各特征指数比较

特征指数	鞘翅目		鳞翅目		半翅目	
	缙云	景宁	缙云	景宁	缙云	景宁
H'	0.243 0	2.248 7	0.106 5	2.937 3	0.035 5	3.340 8
R	1.540 0	4.195 0	1.694 9	8.178 4	0.643 3	6.766 8
E	0.097 8	0.667 8	0.044 4	0.747 1	0.025 6	0.867 7
C	0.002 1	0.178 8	0.000 1	0.043 4	0.000 0	0.047 2

（续表）

特征指数	双翅目		膜翅目	
	缙云	景宁	缙云	景宁
H'	1.525 0	1.209 6	0.050 7	2.180 7
R	0.614 0	1.934 2	—	3.067 9
E	0.783 7	0.410 8	—	0.716 3
C	1.016 1	0.463 8	—	0.156 4

在缙云县，双翅目昆虫的Shannon-Wiener多样性指数（H'）最高，为1.525 08；其次为鞘翅目和鳞翅目，分别是0.243 0和0.106 5，半翅目的最低，为0.035 5。Margalef丰富度指数（R）显示种类数和个体数最多的是鳞翅目，其次为鞘翅目，分别为1.694 9、1.540 0。Pielou均匀度指数（E）最大的是双翅目，其次为鞘翅目，分别为0.783 7、0.097 8。Simpson的优势度指数（C）在双翅目昆虫中最高（1.016 1），其次为鞘翅目（0.002 1）。通过综合分析表明，鞘翅目种类在整个节肢动物群落组成的多样性中起着重要作用。双翅目物种的集中度显著高于其他目昆虫。

虽然，缙云县和景宁县相距170 km，但两个县域的物种多样性差异很大。与缙云县相比，景宁县除了双翅目以外的其他4个目（鞘翅目、鳞翅目、半翅目、膜翅目）的Shannon-Wiener多样性指数（H'）、Pielou均匀度指数（E）、优势度指数（C）均显著大于缙云县的昆虫种类。景宁县5个目的Margalef丰富度指数（R）显著高于前者。基于上述综合分析，显示5个主要目昆虫种类在整个物种多样性中起着关键作用，且景宁县的节肢动物群落结构更稳定，物种更丰富。

第三节 个体数量动态分析

两个县区节肢动物群落个体数量表现出一定的季节变化规律，在缙云县农田，双翅目数量表现出一定的季节变化规律，呈现三段式。在缙云县茭白田，从7月到8月，个体数量保持缓慢上升趋势，于9月达到最高峰。10月个体数量急剧下降，直至11月降到最低。鞘翅目数量7月最高，8—9月个体数量急剧下降，10月和11月最低。鳞翅目数量7月比较多，8月、9月降低，至10月急剧上升达到最高峰，11月急剧下降。半翅目数量7月较高，至8、9月下降，10月、11月降到最低。膜翅目数量仅9月最多，其他月份极少。

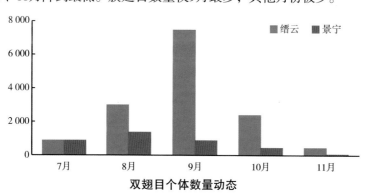

双翅目个体数量动态

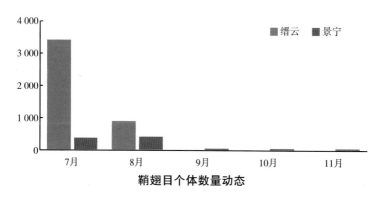

鞘翅目个体数量动态

在景宁县农田，7—11月双翅目个体数量基本保持平稳。鞘翅目数量在7、8月保持平稳，但9月开始急剧下降。7、8月鳞翅目数量保持平稳，在整个调查期属于最多，9月开始急剧降低。半翅目数量呈现三段式：7月数量较多，并开始上升，8月个体数量达到高峰，9月数量又急剧降低。膜翅目数量从7月开始稳步上升，到9月达到高峰，10月急剧下降，直至11月有极少数种类的个体出现。

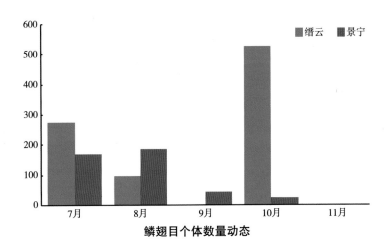

鳞翅目个体数量动态

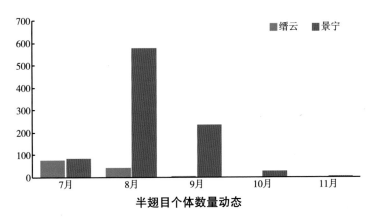

半翅目个体数量动态

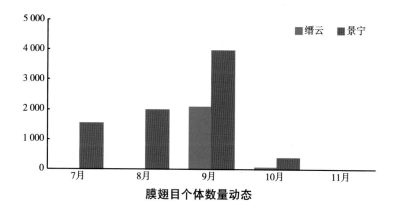

膜翅目个体数量动态

　　比较发现，缙云、景宁两个县域农田5个主要目优势个体数量出现的时间存在显著差异：在缙云，鞘翅目、半翅目个体数量7月最多，双翅目、膜翅目个体数量9月最多，鳞翅目个体数量10月最多；景宁除膜翅目个体数量9月最多外，其他四个目（双翅目、鞘翅目、鳞翅目、半翅目）个体数量8月最多。同时，优势个体数量波动程度缙云显著大于景宁。以上分析结合节肢动物群落组成分析结果，反映出景宁县农田的节肢动物群落结构较缙云县农田的稳定。

　　总之，缙云和景宁两个县域相比，存在以下差异：两个县域在相距175 km，缙云县海拔170 m作用，景宁海拔1 000 m以上；缙云虽茭白种植历史悠久、茭白大规模连片种植，但茭白田周围主要是农户、村庄、公路等，人为从事活动很多，景宁周边环境主要是山脉，覆盖其他多种植被，农事活动和其他交通少；缙云县田埂上无杂草，而景宁县田埂上杂草各种生长繁茂；缙云夏季天气极度炎热，高达40℃的天气时间很长，且昼夜温差大；缙云茭白田在整个茭白生长期从事农事活动非常频繁，包括间苗、施肥、喷施防治茭白植株病、虫害的各类药剂，景宁因天气凉爽，病虫害发生相对较少，农户用药次数很少。本次系统地调查结果表明，景宁缙云县农田的节肢动物种类和数量均显著低于景宁县农田节肢动物。可见，海拔、气候、农事活动直接相关。

第五章　害虫的防控

茭白田作为丽水市的典型农田，是一个相对封闭且复杂的生态系统，该生态系统中的植食性害虫种类和数量较多（尤其是二化螟、稻纵卷叶螟、植食性螨、叶蝉类、飞虱类等）。过度施用化肥、农药是茭白集约化生产的普遍现象，该管理措施易导致茭白产品农残超标、农田生态环境破坏、生物多样性减少、茭白田害虫发生频繁，严重影响其茭白生产和发展。因此，围绕茭白生产过程出现的这一现象，我们就肥药双控这一富有深远意义的工作，提供相关建议和对策，旨在促进茭白标准化生产、提升茭白品质和质量安全水平、降低化学农药使用风险、保护生态环境的有效途径。

第一节　常见害虫的防控

一、加强土著天敌的保护与利用

为更好地推进丽水市"对标欧盟·肥药双控"工作，绿色防控技术势在必行。在减少化肥、农药使用的同时，还要增加农民的收入，就要采取更多的生物防治技术和手段，天敌昆虫则在其中起到重要作用。

丽水市农田（茭白田）天敌（如寄生蜂类、寄蝇类）、捕食性天敌（龙虱类、花蝽类、猎蝽类、步甲类、蜘蛛类、瓢虫类和食蚜蝇类）种群数量较大、种类资源丰富，是影响茭白害虫种群数量变动的重要生物因子，对茭白害虫的控制起着重要的作用。缙云和景宁茭白田内天敌群落地域间种类和数量差异较大，由于不同地区之间耕作制度、地理位置和气候条件等异同所致。

（1）提高茭白田系统的自然控害能力 近几年来，农田（茭白田）非作物生境的重要性得到进一步确认，通过丽水市两个县域的茭白田生境管理，在茭白田生态系统中引入天敌的多种植物资源，例如，天敌的庇护植物（冬植绿肥作物，紫云英等）、为天敌提供替代寄主（猎物）的载体植物、天敌的蜜源植物（波斯菊、芝麻花等）等措施来持续建立较高数量的天敌种群，增强茭白田节肢动物生态系统的稳定性。此外，在茭白田埂保留或种植多种植物（例如马唐、牛筋草等禾本科植物，芝麻、大豆等蜜源植物），为天敌提供过渡寄主，以延长天敌的寿命及增加天敌的繁殖力来增强天敌的控害能力；茭白、水稻插花种植保育天敌，通过以上措施来更好地解决害虫管理问题（具体参见图7-1）。

（2）以虫治虫，释放寄生蜂防治害虫 在两个县域的茭白田害虫成虫发生高峰期开始释放寄生蜂，每代放蜂2~3次，间隔3~5 d，每次放蜂10 000头/亩。

二、研发和推广生态控害技术

（1）种植诱虫植物 相关研究报道，许多诱虫植物（例如香根草）不仅营养成分低，而且含有毒次生物质可抑制害虫幼虫的正常生长，从而致使其无法完成生活史。通过诱虫植物诱杀农田主要害虫，在一定程度上降低害虫发生基数。因此，可利用害虫（例如二化螟）偏好在这些诱虫植物上产卵的习性，在农田（茭白田）周围田埂上种植不同的诱虫植物，进行有效诱集害虫产卵，减少下一代害虫种群数量，从而减少农田（茭白田）系统中针对不同害虫的化学农药的施用量和施用次数。

（2）合理施用化肥和均衡施用　农田（茭白田）中过度施用化肥在我国茭白生产过程中很常见且很严重。过量施用氮肥可提高茭白植株的营养生长，促进半翅目飞虱类、蜻类、螟虫类的取食，进而提高其存活率及生殖能力。同时，过度施用化肥间接介导对天敌产生影响，从而削弱天敌"自上而下"的控制作用，加剧害虫爆发。因此，在茭白移栽早起，避免施用高氮肥，可通过氮肥后移，优化使用量等措施来减少茭白的无效分蘖数，提高产量，以最大限度地控制作物茭白整个生长期病虫害发生。

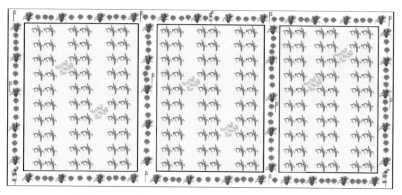

露地茭白病害虫绿色防控实物模型俯视结构示意

注：🌿：茭白；🌳：波斯菊；🌾：香根草；🔦：杀虫灯；🚩：诱捕器；
🦆：鸭子；▮：蜂卡

通过均衡施用茭白必须营养元素提高茭白田肥料的利用效

率，促进茭白健康生长。例如，钾肥可以提高茭白植株的活力，增强茭白对螟虫类害虫的抗性；硅肥可诱导茭白对害虫的抗性和耐受性，且能抑制害虫的取食和产卵。因此，可通过适时、适当增施钾肥、硅肥来增加茭白植株抗性，提高害虫对天敌的吸引力，进而有效防控害虫。

（3）性信息素诱捕技术降低害虫种群基数　昆虫性信息素是由昆虫的某一雌性或雄性个体性腺体分泌、释放于体外，只能被同种异性个体的感受器所识别，并引起异性个体产生觅偶定向、求偶交配等一定的生殖行为，从而帮助同种昆虫顺利交配的极微量化学物质。昆虫性信息素具有使用量低、生物活性高、不产生抗药性、专一性强、准确性高、对环境友好等优势，而且昆虫性信息素只对同种类的异性具有极其强烈引诱作用，可以有效保护天敌，维持生态平衡，降低农药用量和劳动力成本，解决农药残留问题，有利于恢复农业生态环境，是一类极具发展前景的生物农药。在茭白田间成虫始见期开始，针对主要害虫，集中连片大面积使用性诱剂诱杀成虫，选用持效期2个月以上的诱芯和干式诱捕器，提高防效。

三、加强发展新型种养结合模式

针对缙云、景宁茭白生产中因使用化学农药防治病虫害引起的农残超标、环境污染及生产成本增加等问题，目前初步建立茭白田集生态调控、生物防治及化学农药合理使用的病虫害绿色防控技术体系，形成的以"茭—鸭""茭—渔""茭—鳅"高效种养结合的强化生态和农药化肥减量增效共作模式、生物防治、农业生态防控及科学使用高效、低毒、低残留农药防治为核心的茭白田病虫害防治化学农药减量技术。该共作模式在有效防控害虫的同时，鱼、甲鱼、鸭、泥鳅的排泄物可作为茭白田有机肥，在一定程度上减少了化肥施用量，实现了化肥和化学农药减量、生态系统改善、安全绿色防控、单位面积物质产量增加及农民增收节支，减少了化学农药在茭白中的残留，提高了农产品品质，也保护了环境，推动了茭白生产的可持续发展。今后需在全省范围内进一步因时、因地制宜地大力推广该模式。

四、适时合理选用高效、低风险农药

农药是影响生物防治效果的重要因素之一，农药种类、施药时期等对天敌群落的影响存在着显著差异。生物农药因具有传统农药不可比拟的优点，例如选择性强、不易产生抗药性、污染小、对天敌的杀伤力小等优势，有望成为保护生态环境、保障农产品质量安全的重要途径。高质量发展生物农药，一是政府与行业管理部门应积极落实"放管服"，支持生物农药的发展；二是《"十四五"生物经济发展规划》提出"以健康为中心"，就应把作物健康作为评价指标，而不单独依据"药效报告"；三是大力宣传和科普生物农药，特别是要打通"最后一公里"渠道屏障，指导茭白种植户科学使用生物农药。

在缙云、景宁整个茭白生长期，害虫发生时应有针对性地选用高效、低风险药剂。飞虱类防治选用化学农药吡虫啉、醚菊酯、烯啶虫胺、吡蚜酮、呋虫胺；生物农药白僵菌、金龟子绿僵菌、苦参碱等。叶蝉类防治可选用短稳杆菌和茶皂素混和喷雾。螟虫类选用化学农药氯虫苯甲酰胺、四氯虫酰胺、氰氟虫腙、丙溴磷等；生物农药选用苏云金芽孢杆菌、核型多角体病毒、球包白僵菌、短稳杆菌等。使用生物农药时要注意掌握防治适期，要在病虫害初发期用药。茭白孕茭期慎用药剂，以免影响孕茭。

第二节　外来入侵生物的防控

外来入侵物种防控是维护国家安全的重要内容，是与全球气候变化并列的两大全球性问题。我国外来物种入侵形式严峻，目前初步确认外来入侵生物38多种，已经对我国农业生产与生态环境造成了巨大破坏，不但威胁生物多样性，还严重威胁人类健康，并且造成极大的经济损失。由于外来入侵动物的空间分布、扩散途径及危害程度等相关基础信息严重匮乏，对其科学有效预防与控制成为难点。二十大报告更是明确指出"加强生物安全管理，防治外来物种侵害。"目前，我国现已启动了外来入侵物种普查工作，本次调查过程中，我们发现的世界性城市森林害虫"悬铃木方翅网蝽*Corythucha ciliate*"和豆类杀手"四纹豆象*Callosobruchus maculatus*"，便是其中两种外来入侵物种。对于这两种害虫，需采取不同于以上防控的策略，即对于悬铃木方翅网蝽，目前，防治措施有以几点：加强检疫，严禁疫区苗木引种、调运；对来自非疫区的的苗木，需进行检查，一旦发现疫情，立即处理。物理防治。秋季刮除疏松树皮层并及时收集销毁落叶。春季结合浇水冲刷树冠虫叶，也秋季采用树冠冲刷减少越冬虫量。营林措施。适时修剪，隔5~6年修剪可控制害虫发生世代。化学防治。在若虫期和初量羽化成虫期选择早上无风时间进行树冠喷施内吸剂；越冬害虫发生期和成虫寻找越冬场所期在树干喷施触杀剂，也可采用树干注射法进行施药。吡虫啉、甲维盐、高效氯氰菊酯等药剂具有较好的防治效果。生物防治。利用天敌昆虫，例如小花蝽、草蛉等进行防治。

对于四纹豆象*C. maculatus*，主要采取以下措施：严格检疫，加强严格的检疫制度，采取磷化铝、氯化苦熏蒸，或高频、微波加热处理包装物。药剂处理，运载、储藏、包装和覆盖过感染四纹豆象的货船、火车、仓库、包装物、覆盖物等，一律用马拉硫磷等药剂处理。生物防治，利用害虫的寄生性天敌，例如象虫金小蜂、中红侧沟茧蜂等进行防治。物理防治，包括降温抑虫、辐射、激光、气调杀虫、灯光诱杀、暴晒、冷冻、石灰、塑料包装密封、高温杀虫等。

主要参考文献

彩万志，1992. 中国猎蝽科的生物学、形态学及分类学[D]. 杨凌：西北农林科技大学.

常蒙蒙，李海花，石秀红，等，2012. 辉蝽成虫形态学研究（半翅目：蝽科）[J]. 昆虫分类学报，34（2）：176-180.

陈一心，1999. 中国动物志 昆虫纲 第十六卷 鳞翅目 夜蛾科[M]. 北京：科学出版社.

陈毓祥，1981. 黑肩绿盲蝽形态特征及生物学特性观察初报[J]. 贵州农业科学（4）：40-44.

邸济民，任国栋，2021. 河北昆虫生态图鉴（上、下卷）[M]. 北京：科学出版社.

方承莱，2000. 中国动物志 昆虫纲 第十九卷 鳞翅目 灯蛾科[M]. 北京：科学出版社.

高素红，路常宽，贾月霞，等，2019. 酿酒葡萄园生草管理模式下新发害虫——黑额光叶甲的生物学特性及其防控[J]. 果树学报，36（9）：1 185-1 193.

高月波，孙嵬，苏前富，2021. 吉林省灯下蛾类动态及图鉴[M]. 北京：中国农业出版社.

韩红香，汪家社，姜楠，2021. 武夷山国家公园 钩蛾科 尺蛾科 昆虫志[M]. 北京：世界图书出版公司.

韩辉林，姚小华，2018. 江西官山国家级自然保护区习见夜蛾科图鉴[M]. 哈尔滨：黑龙江科学技术出版社.

何俊华，2004. 浙江蜂类志[M]. 北京：科学出版社.

何祝清，2021. 常见螽斯蟋蟀野外识别手册[M]. 重庆：重庆大学出版社.

贾彩娟，2018. 梧桐山蛾类[M]. 北京：科学出版社.

简代华，1994. 稻棘缘蝽生物学特性观察[J]. 昆虫知识，31（3）：138-140.

李法圣，2002. 中国啮目志[M]. 北京：科学出版社.

李后魂，尤平，肖云丽，2012. 秦岭小蛾类 昆虫纲：鳞翅目[M]. 北京：科学出版社.

刘兰英，2000. 中国动物志 昆虫纲 第十九卷 鳞翅目 灯蛾科[M]. 北京：科学出版社.

刘强，郑乐怡，1994. 珀蝽属中国种类记述（半翅目：蝽科）[J]. 昆虫分类学报，16（4）：235-248.

茅晓渊，常向前，喻大昭，等，2016. 湖北省昆虫图录[M]. 北京：中国农业科学技术出版社.

梅献山，崔林，韩宝瑜，2011. 丽水地区茶园主要害虫及其天敌种类调查[J]. 安徽农业大学学报，38（3）：328-332.

庞虹，1990. 六斑月瓢虫的色斑变异[J]. 昆虫天敌（12）：82-84.

汪家社，宋士美，吴焰玉，等，2003. 武夷山自然保护区螟蛾科昆虫志[M]. 北京：中国科学技术出版社.

王秉绅，2009. 黄曲条跳甲的鉴别及为害特点[J]. 农技服务（26）：81-82.

王洪全，颜亨梅，1996. 中国稻田蜘蛛生态与利用研究[J]. 中国农业科学（5）：69-76.

王厚帅，陈淑燕，戴克元，2020. 广东石门台国家级自然保护区蛾类[M]. 香港：鳞翅学会.

王义平，2021. 浙江清凉峰昆虫图鉴300种[M]. 北京：中国农业科学技术出版社.

邬承先，李文杰，1997. 中国黄山蝶蛾[M]. 合肥：安徽科学技术出版社.

吴鸿，王义平，杨星科，等，2020. 天目山动物志（第十卷）[M]. 杭州：浙江大学出版社.

伍建芬，黄增和，林爵平，吕均洪. 1986. 竹长蠹初步研究[J]. 竹子研究汇刊，5（1）：112-119.

武春生，方承莱，2023. 中国动物志 昆虫纲 第七十六卷 鳞翅目 刺蛾科[M]. 北京：科学出版社.

萧采瑜，任树芝，郑乐怡，等，1977. 中国蝽类昆虫鉴定手册（一）[M]. 北京：科学出版社.

徐青叶，林青青，金上，等，2014. 临安大明山异色瓢虫及龟纹瓢虫鞘翅色斑多样性分析[J]. 杭州师范大学学报（自然科学版），13（2）：159-163.

薛大勇，朱弘复，1999 中国动物志 昆虫纲 第十五卷 鳞翅目 尺蛾科 花尺蛾亚科[M]. 北京：科学出版社.

杨星科，葛斯琴，王书永，等，2014. 中国动物志 昆虫纲 第六十一卷 鞘翅目 叶甲科 叶甲亚科[M]. 北京：科学出版社.

杨星科，薛大勇，韩红香，等，2018. 秦岭昆虫志 鳞翅目 大蛾类[M]. 北京：世界图书出版西安有限公司.

殷海生，刘宪伟，1995. 中国蟋蟀总科和蝼蛄总科分类概要[M]. 上海：上海科学技术文献出版社.

尹益寿，章士美，1981. 华稻缘蝽和稻棘缘蝽的初步考察[J]. 江西植保（2）：5-8.

印象初，夏凯龄，1998. 中国动物志 昆虫纲 第十卷 蝗总科（二）[M]. 北京：科学出版社.

印象初，夏凯龄，2003. 中国动物志 昆虫纲 第三十二卷 蝗总科

（三）[M]. 北京：科学出版社.

虞佩玉，王书永，1992. 莫干山跳甲亚科昆虫（鞘翅目叶甲科）[J].
浙江林学院学报，9（4）：489-490.

袁锋，张雅林，冯纪年，等，2016. 昆虫分类学[M]2版. 北京：中
国农业出版社.

张浩淼，2020. 常见蜻蜓野外识别手册[M]. 重庆：重庆大学出版社.

张巍巍，2007. 常见昆虫野外识别手册[M]. 重庆：重庆大学出版社.

张巍巍，李元胜，2011. 中国昆虫生态大图鉴[M]. 重庆：重庆大学
出版社.

章家恩，1999. 中国农业生物多样性及其保护[J]. 农村生态环境
（15）：36-40.

赵萍，曹亮明，龙兰珍，2022. 中国红蝽总科分类（半翅目异翅亚
目）[M]. 北京：中国林业出版社.

赵仁友，江土玲，徐真旺，等，2006. 丽水山区竹子害虫种类调查
与为害评估[J]. 浙江林业科技（26）：58-63.

赵仲苓，2003. 中国动物志 昆虫纲：第三十卷 毒蛾科[M]. 北京：
科学出版社.

郑乐怡，归鸿，1999. 昆虫分类（上、下册）[M]. 南京：南京师范
大学出版社.

中国科学院动物研究所，1983—1986. 中国蛾类图鉴（1-IV）[M].
北京：科学出版社.

朱弘复，王林瑶，1996. 中国动物志 昆虫纲 第五卷 蚕蛾科 大蚕
蛾科 网蛾科[M]. 北京：科学出版社.

朱弘复，王林瑶，1997. 中国动物志 昆虫纲 第十一卷 天蛾科[M].
北京：科学出版社.

附图　部分节肢动物的其他虫态

稻绿蝽的若虫

茶翅蝽的若虫

蝽科一种类的若虫

蝽科一种类的若虫

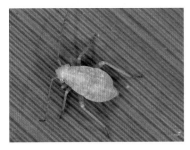

绿盲蝽的若虫

大稻缘蝽的若虫

稻纵卷叶螟的幼虫

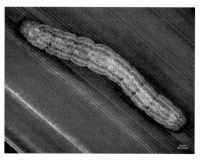

二化螟的幼虫

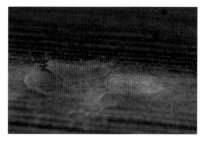

锈菌瘿蚊的幼虫

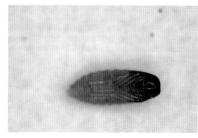

锈菌瘿蚊的蛹

大螟的蛹

二化螟的卵块